AF261807

UNE INSTITUTION DU PREMIER EMPIRE

LIMOGES

ET LES

BONNES VILLES

PAR

A. FRAY-FOURNIER

LIMOGES

IMPRIMERIE ET LIBRAIRIE LIMOUSINES

DUCOURTIEUX & GOUT

Libraires de la Société archéologique du Limousin et de la Société Guy-Lussac

7, RUE DES ARÈNES, 7

1903

LIMOGES

ET LES

BONNES VILLES

LIMOGES

ET LES

BONNES VILLES

PAR

A. FRAY-FOURNIER

LIMOGES

IMPRIMERIE ET LIBRAIRIE LIMOUSINES

DUCOURTIEUX & GOUT

Libraires de la Société archéologique du Limousin et de la Société Gay Lussac

7, RUE DES ARÈNES, 7

1903

LIMOGES

ET LES

BONNES VILLES

De l'édifice social prodigieux, gigantesque, démesurément grandiose, construit par Napoléon Ier, sur un sol défoncé par les orages de la Révolution, certaines parties sont encore debout. Tout ce qui touchait à l'organisation administrative, judiciaire, militaire, financière, ecclésiastique, s'est conservé avec quelques retouches. Ce sont les portions solides et que le temps semble même avoir affermies. D'autres, au contraire, ont atteint rapidement le terme de leur développement historique, qui fut la dissolution. Les institutions destinées à présider aux rapports des classes sociales entre elles constituent la partie éphémère du grand œuvre. C'est ainsi que ce qui avait trait notamment à la création d'une classe privilégiée, d'une nouvelle noblesse, a depuis longtemps disparu. Logiquement, toute institution dérivant des mœurs d'une époque doit se modifier ou même cesser d'être quand elle n'est plus en concordance avec les idées régnantes.

Au lendemain de la Révolution, les cadres de la vieille société subsistaient encore. C'étaient des ruines dont on n'avait pas eu le loisir de se défaire. Pourtant, cela était moins mort qu'on aurait cru : ces épaves d'un ordre de choses aboli étaient susceptibles de transformation. Déchue de ses prérogatives et de son influence, l'ancienne aristocratie relevait la tête. Le meilleur moyen de l'anéantir parut être d'en créer une nouvelle s'appuyant sur le seul mérite personnel. C'est pourquoi le Premier Consul institue la Légion d'honneur. Quand il aura pris possession de l'Empire, il ressuscitera les titres nobiliaires, il rétablira les charges de cour et ramènera l'étiquette et les formules monarchiques, c'est-à-dire tout ce que la Révolution avait pensé effacer pour toujours. A la vérité, les privilèges reparaîtront sous un aspect nouveau mais qui n'en heurtera pas moins les sentiments intimes de la nation. A chaque grande dignité de l'Etat, à toute fonction importante sera attaché un titre de prince, duc, comte ou baron. De grands fiefs pourvus d'opulentes dotations seront constitués au profit d'éminents personnages civils et militaires. Les domaines nobles et héréditaires seront rétablis sous le nom de majorats Car l'empereur ne conçoit pas le privilège des distinctions personnelles sans le privilège des biens : créer des nobles sans les doter est, à ses yeux, une antinomie. Enfin, il étendra le système aux collectivités; les villes elles-mêmes recevront de véritables lettres de noblesse comportant des prérogatives, sinon des immunités.

Cette déviation funeste, dissolvante, qui compromettait tout le mouvement égalitaire accompli jusqu'alors, cette rétrogradation outrée vers un passé abattu et déblayé au prix de tant d'efforts, ne sera possible qu'à la condition d'avoir la nation elle-même pour auxiliaire ou pour complice. Or, il apparaît avec évidence que cette transformation ou plutôt cette déformation s'appuya sur l'influence des idées sociales dont la direction était alors défaillante. Aux revendications révolutionnaires s'ajoutait, en effet, un appoint d'aspirations vers l'ordre et la stabilité. Et c'est pourquoi l'opinion publique ne se montra point blessée de cette exhumation de mœurs de l'ancien régime détournées de leurs sens. La conception du souverain apparut non comme un anachronisme, mais plutôt congruente aux possibilités de l'heure présente. Non pas que Napoléon fut sur ce point en conformité d'opinion avec le pays tout entier. Certes, il ne manqua pas d'esprits clairvoyants qui ne cessèrent de blâmer la création d'une nouvelle classe privilégiée, négation des principes d'égalité qui avaient été l'idéal de la grande réforme. Mais dix années de révolution n'avaient pu détruire la puissance des mots et les masses étaient derechef asservies aux rites et aux conventions. Les titres exerçaient sur elles une attraction irrésistible et l'on peut dire que le terrain était déjà préparé quand se produisit l'audacieuse tentative de Napoléon Ier.

C'est donc bien dans l'état de fatigue et de décadence auquel l'esprit public était descendu qu'il faut chercher l'explication de la condescendance des contemporains et du succès d'une restauration qui faisait obstacle au progrès égalitaire. Mais, comment les sentiments et les tendances du pays avaient-ils pu être intervertis et si vite modifiés?

Deux courants opposés avaient traversé la Révolution : l'un tendait vers une république riche, brillante, parée des splendeurs et des jouissances des civilisations avancées; l'autre, caractérisé par le nivellement de toutes les conditions, proscrivait le luxe et l'opulence. Conséquente en cela avec son esprit imitateur de l'antiquité, la Révolution avait constamment étalé dans ses temples et sur ses places publiques un luxe plein de magnificence. Elle avait eu des spectacles grandioses, machinés comme des scènes d'opéra, avec défilés et figurations somptueuses, auxquels l'art avait fait cortège : telles les fédérations, les fêtes de l'Être suprême et les pompes funèbres de ses héros. Elle avait doté des écoles destinées à l'enseignement des arts, c'est-à-dire à initier les masses à des jouissances raffinées. Elle avait ouvert des théâtres, favorisé ainsi le faste mondain et aidé à la diffusion de tout ce qui pouvait ajouter aux élégances de la vie. De sorte que, tout en condamnant en théorie la richesse et en prêchant la simplicité, l'ère républicaine avait développé chez les citoyens le goût du luxe public, de l'apparat, du bruit, de l'éclat extérieur.

D'autre part, l'ébranlement nerveux provoqué par les événements tragiques, par les scènes d'épouvante et de violence qui s'étaient trop longtemps répétées, les sensations ressenties aux heures sombres où la nation sembla près de se dissoudre, avaient exalté les imaginations et monté les esprits au ton de l'emphase. Si bien que la simplicité apparaissait comme devant inévitablement conduire à la platitude. De là un penchant irrésistible à outrer le geste, à forcer l'expression; de là aussi une tendance à se laisser subjuguer par les sens. C'est un fait indéniable que les goûts d'ostentation étaient entrés profondément dans les mœurs bien avant la décomposition morale résultant des prodigalités sensuelles du Directoire.

Une autre singularité de cette époque si féconde en contradictions, c'est que loin d'étouffer la supériorité individuelle, la Révolution l'exalta à peu près constamment. Le mérite personnel, elle ne cessa de le proclamer et aussi d'encourager l'émulation. Chaque citoyen fut alors jaloux de paraître, d'être distingué. Dans une monarchie, il faut des récompenses pour les services, les talents, la bravoure. Dans une république, où tout doit remonter à l'État comme à sa source, un tel aiguillon n'eût pas dû être nécessaire. Aussi, pour atténuer le démenti donné aux principes, les récompenses seront calculées de manière à ne pas blesser l'instinct égalitaire. « Vous récompenserez plutôt les actions que ceux qui les ont faites, — écrit Vaublanc dans un rapport à la Convention sur les récompenses militaires. Quelles seront ces récompenses? Des fêtes où l'on verra aux premières places le savant couronné de lauriers. Pour les actions les plus vertueuses, des insignes sans valeur, branches de chêne ou de laurier; pour les autres, des médailles, des anneaux, des couronnes. » Et quand, dans la cérémonie publique de la remise du traité de paix de Campo-Formio, à l'heure où perce déjà l'ascendant impérieux de Bonaparte, le ministre des affaires étrangères, en présence du Directoire, des deux conseils et du corps diplomatique, esquissera un éloge du général en chef de l'armée d'Italie, de quelles précautions oratoires il entourera son discours. « ...J'ai craint un instant pour lui, dira-t-il, cette ombrageuse inquiétude qui, dans une république naissante, s'alarme de tout ce qui peut porter une atteinte quelconque à l'égalité; mais je m'abusais, la grandeur personnelle, loin de blesser l'égalité, en est le plus beau triomphe (1). »

Dès le début du Directoire, il est question d'instituer des récompenses honorifiques. Bonaparte, général en chef, décerne en Italie soixante-quinze sabres d'honneur pour actions d'éclat. Durant l'expédition d'Egypte, il distribue des grenades en or, des baguettes, des trompettes et des fusils garnis d'argent. Un arrêté des consuls du 5 nivôse an VIII (26 décembre 1799) déclare que des récompenses nationales, fusils, mousquetons, carabines et autres armes d'honneur seront données aux guerriers qui se seront distingués en combattant pour la République. La même promesse est inscrite dans l'article 87 de la Constitution. Un autre arrêté consulaire veut que les noms des soldats qui se distingueront par des mérites exceptionnels soient inscrits sur une table de marbre dans le temple de Mars, avec désignation du département et de la commune où ils sont nés. Par là, la collectivité est associée au mérite individuel et faite participante de ses triomphes.

Les actions civiques sont également mises en relief. Le 17 ventôse an VIII, Bonaparte déclare, dans une proclamation à l'armée, que le gouvernement fera publier dans toute la république et jusque dans les camps les noms des six départements qui auront fourni le plus de conscrits. En même temps, une décision des consuls dispose que le département qui, le premier, aura payé toutes ses contributions, donnera son nom à une des principales places de Paris.

____

(1) Voy. la relation de cette cérémonie dans le *Bulletin des lois*, an VI, n° 105.

C'est le département des Vosges qui arrive en tête : au 20 germinal an VIII (10 avril 1800) il ne doit rien sur l'arriéré et, en six mois, il a payé les 13/20 de ses impositions de l'année courante. Les imaginations sont ainsi fascinées, en même temps qu'est exalté l'attrait instinctif de l'humanité pour la gloire.

De ces leçons et de ces exemples donnés par la Révolution, l'empereur, héritier de ses traditions, se souviendra. L'institution des armes d'honneur et des couronnes civiques aura été l'ébauche de la Légion d'honneur, comme celle-ci sera le prélude du rétablissement de la noblesse.

Il est aisé maintenant de se replacer dans l'état psychologique où durent se trouver, par rapport aux distinctions honorifiques, les Français de 1802. Le désir de donner de soi même une opinion avantageuse, de paraître meilleurs, plus éclairés, plus braves que les autres, l'amour-propre en un mot ou cette forme particulière de l'amour-propre qui s'appelle la vanité, les porta à rechercher les faveurs et les honneurs. Le malheur est que cette soif de distinctions implique un esprit d'intrigue et de servilité.

Après avoir touché au fond de l'abîme, la France a vu renaître l'harmonie sociale. Mais durant la crise, la démocratie souveraine s'est attribuée le pouvoir suprême. S'appropriant les théories gouvernementales de la monarchie, elle les a transportées à la république. L'exagération des droits de l'État a abouti à un despotisme centralisateur. Bientôt l'autorité concentrée se dépose aux mains d'un seul homme. L'édifice républicain s'écroule alors pierre à pierre, du moins dans ses œuvres extérieures, et le pouvoir central est converti en pouvoir absolu.

A l'aube du siècle, enveloppé dans le prestige de la gloire, le Premier Consul reconstruit l'édifice social. Mais « il bâtit pour se loger, il adapte à son service, il approprie soigneusement la maison à son genre de vie, à ses besoins... (1). » Il y a dans son système une notion fondamentale et qui régit tout son plan d'organisation : « Il conçoit l'association humaine non pas à la façon moderne, germanique et chrétienne, comme un concert d'initiatives émanées d'en bas, mais à la façon antique, païenne et romaine, comme une hiérarchie d'autorités imposées d'en haut (2). » Tel est l'esprit de l'institution ; voici maintenant pour la forme : une armée qui absorbe toute la vitalité du pays ; l'Église serve de l'État ; une administration composée d'escouades de fonctionnaires superposés ; la hiérarchie remplaçant partout l'anarchie ; le corps social tout entier passif et plié à l'étroite discipline des camps.

(1, 2) TAINE, *Les origines de la France contemporaine. Le régime moderne.*

Pour cette œuvre, Napoléon a confisqué tous les droits des individus et des sociétés locales, comprimé toutes les énergies, accaparé toutes les intelligences, subalternisé tous les talents. De son propre gré, il s'est érigé en arbitre suprême, en maître absolu de qui tout émane et à qui tout revient. Avec ce pouvoir exorbitant et sans contre-poids, il est la source de tous les droits et le dispensateur de toutes les grâces. Et, sous son impulsion, la machine autoritaire, portée à une incomparable puissance, broie, en fonctionnant, toutes les indépendances.

Rêve fabuleux, monstrueux, d'une humanité tendue en un gigantesque effort, l'épopée impériale se déroule au milieu du fracas des armes et dans la fumée de la poudre. L'Europe retentit des rauques clameurs des massacres et des claironnantes fanfares des triomphes. Dans l'assourdissement de ce vacarme, dans l'éblouissement de ces éclairs, César, debout sur son char doré, s'élève vers les nues entouré de pompes et d'hommages.

A cette époque, il semble que tout doit refléter l'image du souverain, du demi-dieu, et porter un cachet de grandeur. Car, directement ou par contre-coup, il a mis partout son esprit. La pensée d'un peuple entier en procède. Aussi bien toutes les manifestations de la vie publique prennent-elles une importance exagérée. Agencées avec un art incomparable de mise en scène, elle tendent toutes à remettre constamment sous les yeux de la nation le spectacle de la puissance du maître. Des exemples empruntés à la vie locale rendront cette démonstration saisissable.

Le dimanche 24 prairial an X (13 juin 1802), la loi du 18 germinal précédent sur l'organisation des cultes et la proclamation des consuls sur le même objet sont promulguées dans toutes les communes avec la pompe que permet chaque localité. A Limoges, cette publication solennelle, préalablement annoncée par des affiches, est faite par le préfet Texier-Olivier en personne. A dix heures du matin, le secrétaire général et les conseillers de préfecture, les membres du conseil général et du conseil d'arrondissement résidant au chef-lieu, les maire, adjoints et commissaires de police, le général commandant la subdivision militaire, son état-major et les officiers de gendarmerie vont prendre à son hôtel le représentant du gouvernement qu'ils accompagneront dans sa tournée. De même que le préfet, tous sont à cheval et en uniforme. Précédée de gendarmes et de tambours, la singulière cavalcade parcourt ainsi la ville, s'arrêtant aux carrefours, où lecture est donnée aux habitants accourus des documents relatifs à la restauration du culte catholique.

Ne vit-on pas, quelques jours plus tard, le même haut personnage se rendre auprès du nouvel évêque de Limoges et lui remettre un anneau d'or, riche présent qu'accompagnait une lettre du Premier Consul : « Monsieur l'Evêque de Limoges, je vous envoie l'anneau épiscopal que je désire que vous portiez. Voyez dans la présente un témoignage de ma satisfaction pour la paix et l'union rétablies dans votre diocèse. Le Premier Consul, *signé* : Bonaparte (1). » Et ce dut être un spectacle point banal et d'une douce philosophie que celui de cet avocat tourangeau devenu préfet mais resté voltairien, tantôt proclamant à grand renfort de parade le retour de la France révolutionnaire, régicide et impie, à des idées religieuses que l'on croyait disparues à tout jamais avec l'ancien régime, tantôt coopérant à la consommation du mariage mystique de l'Eglise et de la Révolution (2).

Autre exemple — je pourrais multiplier les citations — de la recherche de l'effet et de l'impression à produire sur les imaginations :

Le citoyen Pierre Petit, maire de Limoges, en exercice depuis deux ans, meurt le 27 prairial an XI (16 juin 1803). Pour payer aux mânes de ce magistrat municipal le tribut d'hommages dû à ses services, des funérailles solennelles lui sont faites, qui ont tout l'éclat d'une apothéose et la grandeur simple d'un deuil public. La cérémonie funèbre, présidée par l'évêque, a lieu le soir, aux flambeaux. La soirée est déjà fort avancée quand le cortège des fonctionnaires et des autorités de tout ordre et de tout rang qu'encadrent des détachements de la garde locale, de la gendarmerie et des vétérans nationaux, quitte l'église de Saint-Pierre-du-Queyroix pour se rendre au lieu de l'inhumation. Le canon tonne, les tambours exécutent de sourds roulements, la musique fait entendre des airs plaintifs puis, tout se tait. Et c'est au milieu du silence de la nuit, au bord d'une tombe qu'à la lueur incertaine des torches on

(1) *Journal du département de la Haute-Vienne*, 1802, p. 7.

(2) Le mot de la situation fut d'ailleurs trouvé par un de nos compatriotes. Un *Te Deum* avait été chanté, en grande pompe, à Notre-Dame, à l'occasion du rétablissement du culte catholique. Le soir, à une réception donnée au palais du gouvernement, le Premier Consul s'adressant au général Delmas : « Hé bien, général, comment avez-vous trouvé la cérémonie ? » — « Ce fut, répondit Delmas, une belle capucinade. Nous changeons nos dragonnes en chapelets. Il manquait à votre fête ces milliers d'hommes qui sont tombés pour abolir les pasquinades et détruire la superstition. »

La grande majorité des fonctionnaires, il n'en faut pas douter, pensait comme Delmas et appréciait comme lui l'acte solennel qui venait de s'accomplir.

devine béante et profonde, que le préfet prononce l'éloge funèbre du défunt (1). Il n'est pas douteux que cette cérémonie emprunte à l'heure de sa célébration quelque chose de grandiose et d'impressionnant (2).

A vivre dans cette atmosphère, les hommes de ce temps ont senti leurs prétentions s'éveiller. Quelque artificielles que soient les séductions de la vanité, grades et brevets, titres et décorations auront sur eux une prise facile. Il faut reconnaître que les satisfactions qui leur sont offertes sont d'une rare magnificence. De ces honneurs et de ces dignités les collectivités comme les individus auront leur part. Le tentateur enchaînera les villes par des égards et des faveurs. La primauté qui les rattachera de plus près à lui entraînera l'idée d'une supériorité, d'une prééminence sociale. Ce sera pour elles un prestige, une gloire, une force. Aussi bien, après avoir ressuscité les titres nobiliaires, les ordres de chevalerie et les appellations honorifiques, il ressuscitera les armoiries, celles des villes comme celles des particuliers (3).

(1) Archives municipales de Limoges, D (s. n) et *Journal du département de la Haute-Vienne*, 23 juin 1803.

(2) La littérature devait naturellement se ressentir de cet état d'esprit. C'est ainsi que nous faillîmes avoir un poème héroïque relatant la belle équipée de la légion de la Haute-Vienne « fougueusement improvisée en l'an II et véhémentement dirigée vers la Vendée. » On sait que ce corps dut ses hauts faits à cette circonstance que ses hommes montaient tous des chevaux du pays, c'est-à-dire de race limousine.

Il se trouva donc « un poète de notre contrée connu par la piquante facilité de sa verve » qui entreprit une *Histoire de la Légion de la Haute-Vienne*. Cet ouvrage devait offrir « la comparaison de la marche et des exploits de la Légion avec la marche et les exploits des légions anciennes et notamment de celle surnommée *Fulminatrix*. Le volume aurait été orné des portraits de l'auteur et des chefs de la Légion, de plans de batailles, etc. Il ne manqua que les deux cents souscriptions à 12 francs demandées pour la mise au jour de l'ouvrage. (V. l'annonce publiée dans le *Journal du département de la Haute-Vienne* du 29 mai 1806.

(3) Un décret daté du camp de Schoenbrunn le 17 mai 1809 dispose en son article 1er que :

« Aucune ville, commune, corporation ou association civile, ecclésiastique ou littéraire, ne jouira du droit d'armoiries qu'après en avoir reçu la concession expresse par lettres patentes délivrées à cet effet. En conséquence, les sceaux des villes, communes ou corporations qui n'auront pas obtenu de concessions pareilles ne porteront, pour toute empreinte, que le nom ou la désignation littérale des dites villes, communes ou corporations. »

A la suite de ce décret, plusieurs villes ayant demandé si elles pou-

Arraché par la révolte aux seigneurs féodaux ou prix de la soumission au suzerain légitime, le blason de la cité est l'incarnation, la personnification de la communauté toute entière. C'est le témoin permanent, le symbole visible et tangible de sa grandeur passée, de sa force présente. L'empereur prendra l'icone municipal, il l'auréolera d'un nimbe d'or, il l'enveloppera de clartés d'apothéose et, se détachant en haut relief dans un radieux étincellement, cette abstraction apparaîtra comme une réalité, comme une chose vivante, j'oserai dire comme une fraction d'humanité.

La couronne murale, que les Grecs et les Romains décernaient comme récompense au guerrier entré le premier par une brèche dans la ville assiégée (1) et que, plus tard, l'art plaça au front de Cybèle et sur la tête des divinités personnifiant des villes fortes, tel sera l'emblème distinctif attribué pour cimier de leurs armes aux cités que l'empereur nommera ses « Bonnes Villes ».

Mais comme toute l'organisation nouvelle comporte une hiérarchie rigoureuse, géométrique, comme tout y est classé, étiqueté et gradué, les bénéficiaires de cette distinction sont elles-mêmes réparties en trois catégories. Aux Bonnes Villes du premier ordre est

vaient reprendre leurs anciennes armoiries, le conseil du sceau des titres, consulté, délibéra :

« 1° Les conseils municipaux peuvent présenter des projets d'armoiries et y reproduire une portion de l'ancien blason des villes;

» 2° Les pièces d'armoiries qui, comme l'aigle et les abeilles, appartiennent aux armes et aux enseignes de l'Empire et ne peuvent être concédées que du propre mouvement de l'empereur, ne doivent pas entrer dans la composition des projets d'armoiries présentés par les villes:

» 3° Les couronnes qui, de leur nature, sont incommunicables, comme la souveraineté dont elles sont l'emblème, doivent également être exclues, ainsi que les pièces qui entraient autrefois dans les armoiries de l'ancienne dynastie française. »

(Circulaire du ministre de l'intérieur aux préfets, 18 octobre 1809).

(1) « La couronne murale, qui estoit d'or, estoit accordée à celuy qui estoit monté le premier sur la brèche de la ville attaquée et estoit sauté dedans en combattant : elle estoit faite en forme de creneaux de muraille, comme celle que les peintres et les poëtes peignent ou représentent sur la tête de Cybelle, la grand'mère des Dieux qui représente la terre. Suétone tesmoigne que le simple soldat, aussi bien que le plus huppé de l'armée, en pouvoit estre honoré pourveû qu'il prouvast par le tesmoignage de ses compagnons qu'il estoit sauté le premier dans la ville ennemie. Sur le cercle de cette couronne il y avoit des lyons gravez pource qu'ils sont le symbole de courage, de générosité et de valeur. » (WILSON DE LA COLOMBIÈRE, *Le vray theatre d'honneur*).

concédée une couronne murale à sept créneaux d'or sommée d'une aigle naissante pour cimier, traversée d'un caducée auquel sont suspendues deux guirlandes, l'une à dextre de chêne, l'autre à senestre d'olivier, le tout d'or, nouées et attachées par des bandelettes de gueules. L'écusson portera un chef de gueules à trois abeilles d'or posées en fasce.

Aux Bonnes Villes de seconde classe est adjugée une couronne murale à cinq créneaux d'argent, traversée d'un caducée contourné du même, auquel sont suspendues deux guirlandes, l'une à dextre d'olivier, l'autre à senestre de chêne, aussi d'argent, nouées et attachées par des bandelettes d'azur. Franc quartier à dextre d'azur à une N d'or surmontée d'une étoile rayonnante du même.

Enfin les villes de troisième ordre auront pour cimier une corbeille remplie de gerbes d'or à laquelle seront suspendues deux guirlandes, l'une d'olivier à dextre, l'autre de chêne à senestre, de sinople, nouées et attachées par des bandelettes de gueules. Franc quartier à senestre de gueules à une N d'argent surmontée d'une étoile rayonnante du même (1).

Comme avantages positifs et personnels, les maires des Bonnes Villes se verront, après dix ans d'exercice, octroyer le titre de baron, titre qu'ils auront le droit de transmettre à leur descendance à la condition de constituer un majorat. Enfin, dans l'ordre des préséances, ils prendront rang après les sénateurs et marcheront de pair avec les barons.

L'institution des Bonnes Villes appartient en propre à Napoléon Ier. Il n'y a aucune similitude entre ce titre honorifique et l'appellation affectueuse que les rois de France appliquaient indifféremment à toutes les localités de leur royaume. Une analogie de situation avait seule donné naissance à une expression identique. Cette création se trouve à l'état embryonnaire dans l'article 52 du sénatus-consulte organique du 18 mai 1804 (28 floréal an XII) ainsi conçu : « Dans les deux ans qui suivent son avènement ou sa majorité, l'empereur, accompagné des titulaires des grandes dignités de l'empire, des ministres, des grands officiers, prête serment au peuple en présence de..... et des maires des trente-six principales villes de l'empire. » Un décret du 22 juin suivant désigne ces villes. On remarquera qu'il n'est ici question que de l'assistance à la formalité du serment de l'empereur d'un certain nombre de maires pris comme fonctionnaires impériaux. Le 2 décembre de la même année Napoléon se fait sacrer à Paris par le pape Pie VII, et les

(1) HENRY SIMON, *Armorial de l'empire français.* Paris 1812, deux volumes in-f°.

lettres closes expédiées aux chefs de municipalités, les convoquant à la fois pour la prestation du serment et la cérémonie du couronnement, portent pour adresse : « Au maire de notre bonne ville de... (1) » Ce ne sera toutefois qu'avec le décret du 17 mai 1809 sur la noblesse que l'organisation des Bonnes Villes deviendra définitive et complète. Ajoutons que la Restauration s'emparera de ce titre et le concèdera, dans un but exclusivement politique, à un certain nombre de localités.

C'est ainsi que, pour arriver aux cœurs, Napoléon frappe l'imagination et les yeux. Par ces privilèges, simples valeurs d'opinion puisqu'ils ne confèrent aucune immunité et seulement des prérogatives éventuelles, il se ménagera l'amitié des bourgeois auxquels il aura confisqué leur indépendance municipale.

Certes, les municipalités du xviii° siècle ne ressemblaient guère aux libres communes du xii°. A peine dégagée des étreintes de la féodalité, la royauté avait porté à leur autonomie des coups mortels. Les franchises locales avaient disparu et les antiques privilèges n'étaient plus que de vaines formules. Les magistrats municipaux avaient vu leurs pouvoirs singulièrement restreints; devenus officiers royaux, ils ne formaient plus qu'un corps passif et sans initiative. L'édit de juillet 1787, qui organisa les assemblées communales dans tout le royaume, leur donna des attributions relativement étendues et leur restitua l'existence politique. L'Assemblée constituante respecta les communautés existantes et c'est dans leur cadre qu'elle établit la nouvelle organisation unifiée et égalisée. La Constitution de l'an III brisa de nouveau la personnalité politique des municipalités; les villes au-dessus de cinq mille habitants

(1) Je n'ai pas à rappeler ici les splendeurs du couronnement, le faste étalé dans les fêtes données à cette occasion. Indépendamment des hauts fonctionnaires, des présidents des collèges électoraux de chaque canton et de quelques notables convoqués par lettres closes, les gardes nationales des divers départements envoyèrent chacune un détachement de seize hommes. Conduite par le colonel Lelong, ancien commandant du 56° de ligne, la délégation de la Haute-Vienne séjourna un mois entier dans la capitale. Les hommes reçurent, outre le logement et la nourriture, une indemnité de cinq francs par jour ; une médaille commémorative en or fut, de plus, attribuée à chacun d'eux. Le gouvernement remboursa aussi les frais d'acquisition d'un drapeau garni de franges d'or avec cravate et aigle doré, lesquels s'élevèrent à 411 fr. 50. La maison de Lyon chargée de la confection des drapeaux des gardes nationales n'ayant pu les fournir à temps pour la cérémonie, les régiments de ligne prêtèrent les leurs, et les gardes reçurent plus tard par l'intermédiaire des préfets ceux qui leur étaient destinés.

conservaient seules leur unité ; groupées dans le canton, les autres voyaient disparaître totalement la vie locale. Ramenée en l'an VIII à son cadre primitif, la commune voit, sous le Consulat, consommer son asservissement complet. Comme le département et l'arrondissement, elle n'est plus désormais qu'une circonscription territoriale et un rouage de la grande machine administrative. Comme eux, si elle est animée de la vie de tout l'organisme, elle la subit au lieu d'y contribuer par sa vie propre. Alors que tous les services publics sont étroitement subordonnés à son action, on conçoit que l'indépendance municipale, faite d'initiative et de liberté, ne pouvait être du goût de l'empereur. Il se regarde donc comme le maître absolu des municipalités ; il dispose d'elles à son gré : les communes n'auront d'autres maires et d'autres conseillers que ceux qu'il lui plaira de leur imposer. Ceux-ci seront ses représentants, les agents de son autorité et de sa politique bien plus que les gérants des intérêts communaux. Ils devront obéir passivement et n'exerceront qu'un droit illusoire. Quant au simple particulier, il ne participera ni directement ni indirectement à la gestion des affaires. Avec le titre de sujet, on ne lui a laissé que la condition de contribuable et d'administré. Tel est dans ce pays, pétri de centralisation, le nouveau régime fait aux municipalités.

Le chef de l'Etat leur offre en dignités la monnaie du pouvoir qu'elles n'exercent plus. Certes, pour superbe qu'elle soit, cette prime ne saurait compenser pour une ville la perte de ses traditions, de ses droits, de sa vie propre. Et cependant, tant est puissant le préjugé qui incline les hommes vers la considération, elle provoquera de troublant « rivalités.

Mais, du moins, les cités dont le souverain va ainsi, dans quelque mesure, amplifier les destins auront exercé dans une province, dans une région, par une antique illustration, par une prépondérance due à des siècles d'efforts et de labeurs, un rayonnement et une influence tels qu'il soit équitable de les en glorifier par un nouveau lustre? Peut-être virent-elles, aux heures sombres de l'invasion, concentrer sur leur territoire l'effort des grands combats qui décidèrent du sort du pays? Ou encore, de leur sein auront jailli le mouvement, le travail, les produits, la richesse ? La distinction éminente que tous ambitionnent, le maître la réservera à quelques-uns, à ceux-là seulement envers lesquels l'intérêt de sa politique personnelle lui commandera d'user de ménagements ou de stimulant. Aux anciens chef-lieux d'un certain nombre de provinces françaises viendront s'ajouter les capitales des pays devenus par la conquête et le recul des frontières portions intégrantes de l'empire et aussi des territoires sur lesquels s'exerce sa domination, ou seulement des satellites gravitant dans son orbite. Le décret du 3 messidor an XII (22 juin 1804) désigne trente-six villes dont les maires assisteront au serment de l'empereur : Paris, Marseille, Bordeaux, Lyon, Rouen, Turin, Nantes, Bruxelles, Angers, Gand, Lille, Toulouse, Liège, Strasbourg, Aix-la-Chapelle, Orléans, Amiens, Gênes, Montpellier, Metz, Caen, Alexandrie, Clermont, Besançon, Nancy, Versailles, Rennes, Genève, Mayence, Tours, Bourges, Grenoble, La Rochelle, Dijon, Reims et Nice (1). Au 1er mars 1808, les Bonnes Villes sont au nombre de trente-sept par suite de l'adjonction d'Anvers. Successivement viendront prendre rang : Amsterdam et Rotterdam (18 août 1810). L'almanach impérial de 1812 en mentionne cinquante et une parmi lesquelles dix nouvellement promues : Anvers, Brême, Cologne, Florence, Hambourg, La Haye, Livourne, Lubeck, Parme, Plaisance. Deux villes françaises, Montauban et Troyes, ont obtenu, en 1811, le titre si envié. Nîmes le reçoit à son tour le 24 mars 1812 (2). Vienne la dislocation

(1) Parmi les anciens chefs-lieux de généralités, c'est-à-dire parmi les villes qui furent, avant la Révolution, le siège d'une intendance, douze étaient évincées : Moulins, Riom, Poitiers, Limoges, Auch, Montauban, Châlons, Alençon, Aix, Perpignan, Valenciennes et Soissons. Une seule de ces villes, Montauban, obtiendra de l'Empire le titre en question.

Par contre, Marseille, Reims, Angers, Toulouse, Clermont et Nice, qui ne furent pas chefs-lieux administratifs sous l'ancien régime, se trouvaient parmi les élus.

(2) Les listes données par Henry Simon dans les deux volumes de son *Armorial de l'Empire français* diffèrent sensiblement de celles que l'on trouve dans l'*Almanach impérial*, publication officielle. Voici ces listes :

BONNES VILLES DE PREMIER ORDRE : Amsterdam, Anvers, Bordeaux, Bruxelles, Gand, Gênes, Hambourg, Lyon, Lille, Liège, Montauban, Paris, Angers, Aix-la-Chapelle, Bourges, Brême. Cologne, Dijon, Florence, Grenoble, La Rochelle, Marseille, Nancy, Parme.

BONNES VILLES DE DEUXIÈME ORDRE : Aix, Asti, Bayonne, Castelsarrazin, Chiavari, Chartres, Grasse, Hyères, Toulon, Avranches, Cherbourg, Granville, Lierre, Loudun, Malines, Moissac, Savone, Saint-Lô, Troyes, Verceil, Valognes.

BONNES VILLES DE TROISÈME ORDRE : Mirecourt, Neufchâteau, Paimbœuf.

Comment concilier les indications de l'*Armorial* avec celles de l'*Almanach* ? Comment admettre, par exemple, qu'Aix et Toulon aient été, dès 1812, en possession du titre de BONNE VILLE, alors que ce titre leur a été octroyé par des ordonnances royales insérées au *Bulletin des Lois* de l'année 1816 ? Et il ne s'agit pas, à cette dernière date, d'une confirmation de privilège, mais d'une concession première, motivée et fort précise. On se demande donc s'il n'y a pas eu de la part de l'auteur de l'*Armorial* confusion entre les BONNES VILLES et celles qui avaient fait vérifier et enregistrer leurs armoiries.

de l'Empire, la Restauration s'emparera du titre et le maintiendra aux vingt-neuf villes de France qui en seront déjà pourvues.

Les peuples ont les mêmes faiblesses que les individus. La manie des grandeurs que l'empereur avait déchaînée sévit un peu partout. Limoges ne sut pas échapper à ce travers. Etre l'exception, c'est être l'élite, pensa sa municipalité qui, au mois de juin 1810, résolut de se mettre sur les rangs. Dans ce but, elle rédige la supplique qu'on va lire, nomme une députation et sollicite une audience de l'empereur.

> « *La députation du conseil général de la commune de Limoges,*
> » *A Sa Majesté impériale et royale,*
>
> » Sire,
>
> » La ville de Limoges, dont l'illustration et l'antiquité se perdent dans la nuit des temps, chef-lieu avant la Révolution d'une généralité et d'un diocèse très étendus, possédant dès lors un hôtel de monnaye très actif et très estimé, moins populeuse, il est vrai, aujourd'hui qu'elle ne l'a été à certaines époques, mais offrant encore un population de 21 à 22,000 âmes, devenue successivement chef-lieu d'une préfecture importante, d'une cour d'appel, d'un diocèse étendu, d'une sénatorerie, d'une académie impériale, et réunissant tous les établissements qui se rattachent aux premiers, située au centre de plusieurs grandes routes, vivifiée par l'intelligence et l'activité de ses habitants et présentant sous tous les rapports le caractère d'une des meilleures villes de l'Empire, a cependant été oubliée dans la classification des *Bonnes Villes.*
>
> » Votre Majesté, dont le cœur magnanime ne respire que bienfaisance, s'est déjà rendue au vœu de quelques villes importantes, qui avaient été également oubliées.
>
> » La députation du conseil municipal de Limoges ose rappeler à Votre Majesté la supplique adressée à cet effet par le conseil général de la Haute-Vienne dans la séance du 12 juillet 1810 (1).
>
> » Daignez, Sire, distinguer notre cité en la nommant parmi vos Bonnes Villes ; aucune ne mérite mieux ce titre par le respectueux dévouement de ses habitants pour la personne sacrée de Votre Majesté impériale et royale.
>
> » La députation du conseil municipal de la ville de Limoges a l'honneur d'être avec la plus haute vénération et le plus profond respect,
>
> » De Votre Majesté impériale et royale,
>
> » Les très fidèles, très dévoués et très soumis sujets. »

(1) Phrase ajoutée après la délibération du conseil général.

Soit que sa demande d'audience n'ait pas été accueillie, soit qu'on lui ait rappelé à temps que sa requête devait suivre la voie hiérarchique, la municipalité se tourna vers le conseil général du département, dont la session était proche, et l'invita à joindre ses instances aux siennes. Voici la lettre qui fut adressée au président de cette assemblée :

« Limoges, le 9 juillet 1810.

» *A Messieurs les Membres du Conseil général de la Haute-Vienne,*

» Messieurs,

» La ville de Limoges, dont l'illustration et l'antiquité se perdent dans la nuit des tems, chef-lieu avant la Révolution d'une généralité et d'un diocèse très étendus et possédant dès lors un hôtel des monnaies très actif et très estimé ; moins populeuse, il est vrai, aujourd'hui qu'elle l'a été à certaines époques, mais offrant encore de 21 à 22,000 âmes de population ; devenue successivement chef-lieu d'une préfecture importante, d'une cour d'appel, d'une sénatorerie, d'une académie impériale et réunissant tous les établissemens qui se rattachent aux premiers ; vivifiée par l'intelligence et l'activité de ses habitans dans plusieurs genres de commerce et par ses belles manufactures de porcelaine ; située au centre de plusieurs grandes routes telles que celles de Paris à Bordeaux, à Toulouse, de Brest à Lyon, etc. ; animée par une affluence continuelle de voyageurs ; distinguée par plusieurs grands hommes qui ont pris naissance soit dans son sein, soit aux environs, et présentant par là tous les caractères d'une des plus illustres et des meilleures villes de l'empire, a cependant été oubliée dans la classification des *Bonnes Villes.*

» Cet oubli, Messieurs, nous a souvent affligés parce que l'illustration de la ville chef-lieu rejaillit nécessairement sur les autres parties du même département.

» Sa Majesté l'empereur et roi, dont le cœur magnanime ne respire que bienfaisance, s'est déjà rendu aux vœux de quelques villes importantes qui avaient été également oubliées. Il est donc possible d'obtenir de sa bonté et de sa justice que la ville de Limoges soit placée dans le rang précieux et distingué qu'elle mérite à tant d'égards.

» Mais, Messieurs, je conçois que ma réclamation a besoin d'être présentée sous vos auspices et fortifiée des moyens éloquens dont vous saurez l'appuyer pour obtenir un succès éclatant. J'ose donc vous prier de la faire valoir auprès de Son Excellence le Ministre de l'Intérieur et même, par une adresse particulière, auprès de

Sa Majesté l'empereur et roi. Le succès vous offre une récompense bien flatteuse ; la tentative seule vous donnera des droits éternels à notre reconnaissance.

» J'ai l'honneur d'être, avec les sentimens de la plus respectueuse considération,

» Votre très humble et obéissant serviteur.

» Le maire de Limoges,
Signé : « NOUALHIER aîné » (1).

Le 12 juillet, le conseil général prend la délibération suivante :

« M. le Maire de la ville de Limoges adresse au Conseil général une lettre sous la date du 9 du courant dont l'objet est d'être secondé dans la réclamation qu'il a faite à Sa Majesté de placer la ville de Limoges au rang des Bonnes Villes.

» Le Conseil, considérant que la bienfaisance de S. M. l'empereur et roi a déjà signalé la ville de Limoges par les nombreux établissements qu'elle y a fixés, que le titre de Bonne Ville serait pour elle le titre le plus glorieux de la bienveillance du souverain;

» Arrête à l'unanimité qu'il adhère à la proposition qui lui est faite par M. le Maire de la ville de Limoges; qu'à cet effet, une adresse au nom du Conseil sera présentée à Sa Majesté impériale et royale par l'intermédiaire de S. E. le Ministre de l'Intérieur. Le projet suivant a été présenté et adopté :

» Sire,

» Vos fidèles sujets les membres composant le Conseil général du département de la Haute-Vienne, actuellement réunis, osent prendre la liberté de déposer aux pieds du trône la demande que fait le maire de la ville de Limoges à Votre Majesté impériale et royale d'être comprise au nombre des communes que vous avez daigné qualifier du titre précieux de Bonnes Villes.

» La position centrale de Limoges, sa population, son commerce, ses manufactures, les grands établissements que vous avez bien voulu lui accorder et spécialement le respectueux dévouement de ses habitans pour la personne sacrée de Votre Majesté impériale et royale sont des titres que le Conseil général se permet de présenter pour obtenir cette faveur signalée dont tout le département partagera la gloire et la respectueuse reconnaissance. »

La délibération et l'adresse sont aussitôt transmises au ministre de l'Intérieur. De son côté le maire de Limoges lui fait parvenir la

____

(1) Archives municipales de Limoges, D (s. n.).

requête de la ville par l'intermédiaire de son oncle M. Noualhier, négociant à Paris, qui est chargé de remettre lui-même ces documents au destinataire. Voici la lettre envoyée au ministre :

« Limoges, le 16 juillet 1810.

» *Le maire de la ville de Limoges,*
» *A Son Excellence le Ministre de l'Intérieur, comte de l'Empire,*

» Monseigneur,

» La ville de Limoges gémit depuis longtemps de n'être point comprise dans la classification des *Bonnes Villes* de l'Empire.

» Pour me rendre au vœu de ses industrieux habitans, j'ai prié le Conseil général de la Haute-Vienne de réclamer pour elle cette honorable distinction. Je ne répéterai point ici tout ce que j'ai exposé dans ma lettre pour faire ressortir ses droits ; j'ajouterai seulement que, lors de la convocation des notables en 1787, la ville de Limoges fut placée dans le rang qu'elle sollicite aujourd'hui. Sa privation de ce rang précieux ne peut donc être considérée que comme un oubli.

» J'ose, en conséquence, vous prier, Monseigneur, de vouloir bien appuyer auprès de Sa Majesté l'empereur et roi et ma demande et l'adresse votée par le Conseil général dans sa séance du 12. L'une et l'autre, que vous avez maintenant sous les yeux, renferme des faits authentiques et qui sont en partie consignés dans la statistique de ce département.

» Votre bienveillance, Monseigneur, s'étend à toutes les villes de l'empire. Celle de Limoges en réclame aujourd'hui l'heureuse influence pour un bienfait qui intéresse et sa gloire et sa prospérité, et qui éternisera sa reconnaissance. Elle l'a déjà mérité, ce bienfait ; elle le méritera de plus en plus par une soumission entière, un attachement inviolable et un dévouement absolu à la personne auguste du grand Napoléon.

» J'ai l'honneur d'être, de Votre Excellence, Monseigneur,
» Le très humble et très obéissant serviteur.

Signé : « NOUALHIER aîné » (1).

Mais il était de toute évidence qu'une telle requête ne pouvait avoir chance d'aboutir qu'avec l'appui d'une notabilité jouissant d'un certain crédit auprès du souverain. On dut très certainement songer en premier lieu à l'un de nos concitoyens, individualité

(1) Archives municipales de Limoges, D (s. n.).

2

d'élite, à laquelle ses exploits guerriers comme aussi un rôle politique actif avaient donné un relief tout particulier. Mais le maréchal Jourdan n'était en ce moment en possession d'aucune influence. Exempt de servilité envers les gouvernants, le ton absolu et décisif dont il usait envers tous l'avait fait tenir, sous le Directoire, pour l'un des chefs du parti anarchiste, c'est-à-dire du parti de l'opposition républicaine. Après avoir repoussé les ouvertures de Bonaparte à son retour d'Égypte, il avait encore tenté de contrecarrer ses plans au 18 brumaire. On l'avait vu, quand les grenadiers formant la garde du conseil des Cinq-Cents, conduits par le général Leclerc, envahirent la salle des séances, refuser de quitter son siège et se joindre aux autres députés qui haranguèrent les soldats. « Qui êtes-vous, militaires? Vous êtes les grenadiers de la représentation nationale et vous osez attenter à sa sûreté! Vous ternissez les lauriers que vous aviez cueillis. » Aussi Jourdan fut-il compris parmi les trente-sept « individus » que le décret du 25 brumaire frappait de la déportation. Mais cette iniquité souleva une telle réprobation que la mesure fut rapportée dès le lendemain et que le Premier Consul lui écrivit « pour le prier de ne pas douter de son amitié et lui exprimer le désir de voir constamment le vainqueur de Fleurus sur le chemin qui conduit à l'organisation, à la vraie liberté et au bonheur(1). » Devant l'affaiblissement des énergies et la diminution des caractères, Jourdan se drapa dans sa fière et immuable attitude de républicain convaincu.

Tel était cependant l'exceptionnel éclat de ses services militaires et aussi l'ascendant d'une popularité de bon aloi due à ses vertus civiques qu'en 1804 il fut, dès la première promotion, créé maréchal d'Empire et grand officier de la Légion d'honneur. A son retour du Piémont, où il avait été envoyé comme ambassadeur, il tombe en disgrâce. En 1808, il suit le roi Joseph en Espagne en qualité de chef d'état-major. Mais l'opinion de défiance et de malveillance qui s'était attachée à lui l'oblige à rentrer en France. Désormais, il est mis complètement à l'écart. Lui, épris de mouvement et d'action, se voit refuser tout commandement actif. Ouvrez l'*Almanach impérial* de 1810 ou celui de 1811, vainement vous chercheriez parmi les maréchaux le nom de Jourdan. Parcourez la liste des hauts dignitaires de la Légion d'honneur : par un reste de pudeur, on n'a pas osé biffer complètement l'ancien commandant en chef des armées de la Moselle et de Sambre-et-Meuse; et dans la promotion du 25 prairial an XII, entre M. le comte d'Hédouville, sénateur, et S. E. Mgr le duc d'Istrie, vous verrez figurer « Monsieur

(1) LANFREY, *Histoire de Napoléon Ier*, II, 13.

Jourdan ». Qui donc, sous cette étiquette bourgeoise et dédaigneuse, reconnaîtrait le vainqueur de Fleurus ? N'allez pas croire à un oubli d'abord, à une erreur ensuite de l'éditeur de l'*Almanach impérial* : l'approbation du ministre de la police générale, qui a dans ses attributions le service de l'imprimerie, exclut toute hypothèse de ce genre. Il resterait d'ailleurs à expliquer pourquoi les mêmes restrictions se répètent dans l'*Annuaire de la Haute-Vienne*, c'est-à-dire dans le pays d'origine du maréchal. Ainsi l'a voulu le maître ; ainsi en use-t-il envers ceux qu'il a résolu d'annihiler. Vienne le moment où la fortune trahira ses drapeaux et on le verra confier à son ancien compagnon d'armes le gouvernement de Madrid, sauf à le rendre responsable d'une désastreuse campagne, à l'exiler dans sa terre du Coudray, en Seine-et-Marne, et à réduire son traitement de 60.000 à 20.000 francs. Ainsi sera sacrifié le soldat qui avait porté si haut la renommée de nos armes; ainsi sera rejeté dans l'obscurité de la vie civile celui dont le courage et la fidélité aux sentiments républicains n'avaient pas fléchi (1).

Pour ces motifs, la municipalité de Limoges devait renoncer à s'adresser au maréchal Jourdan. Elle crut devoir solliciter le patronage d'un haut dignitaire, étranger, il est vrai, au département, mais pourvu d'un bénéfice local qui semblait le désigner tout spécialement pour le rôle d'intermédiaire auprès de l'empereur. Il s'agissait du comte Garnier, président du Sénat et titulaire de la sénatorerie de Limoges (2). Ancien procureur au Châtelet, secrétaire du cabinet de Mme Adelaïde, suppléant du Tiers de la ville de

(1) Je ne veux point paraître ignorer que, dans une lettre adressée, quelques mois après le dix-huit brumaire, à un ancien compagnon d'armes alors éloigné de France, Jourdan jugeait les évènements accomplis comme s'il eut été éclairé par d'heureux résultats. Cette lettre, qui lui a été opposée comme un reniement de ses opinions passées, contraste violemment avec l'attitude qu'il avait prise lors du coup d'Etat. Au cas où cette lettre, soi-disant confidentielle, serait authentique, il conviendrait de rechercher dans quel but elle fut écrite.

(V. la lettre citée dans la *Revue de France* du 28 février 1874).

(2) L'organisation des sénatoreries résultait du décret du 14 messidor an XI (3 juillet 1803), dont voici les principales dispositions :

Il y aura une sénatorerie par arrondissement de cour d'appel.

Chaque sénatorerie sera dotée d'une maison et d'un revenu annuel, en domaines nationaux, de 20 à 25 000 francs.

Les sénatoreries seront possédées à vie.

Les sénateurs qui en seront pourvus seront tenus d'y résider au moins trois mois chaque année.

Ils rempliront les missions extraordinaires que le Premier Consul jugera

Paris aux Etats-Généraux, Germain Garnier avait passé quelques années en émigration et était rentré en France après le 9 thermidor. Nommé préfet de Seine-et-Oise en 1802, il échangea ce poste pour un siège au Sénat. Créé comte de l'Empire en 1808, il succéda, le 9 décembre 1809, au vice-amiral Morard de Galles, premier titulaire de la sénatorerie de Limoges, qui venait de mourir. Si j'ajoute que, plus tard, ses sentiments à l'égard de l'empereur se refroidirent au point qu'il vota la déchéance et qu'il accepta de la Restauration les titres de pair et de ministre d'Etat, j'aurai esquissé dans ses grandes lignes la silhouette morale de ce personnage.

Tel fut l'homme sous les auspices duquel l'administration municipale de Limoges plaça le succès de sa requête. Le 16 juillet 1810, elle lui adressa la lettre suivante :

« *A M. Garnier, comte de l'Empire, président annuel du Sénat conservateur, titulaire de la Sénatorerie de Limoges.*

» Monsieur le Comte,

» La ville de Limoges, chef-lieu de votre Sénatorerie et distinguée par sa population, son commerce et les grands établissements qu'elle possède, n'a point été classée parmi les *bonnes villes* de l'Empire. Le Conseil général du département de la Haute-Vienne vient, sur ma demande, de voter une adresse à Sa Majesté l'empereur et roi pour obtenir que cet oubli soit réparé. J'écris par le courrier de ce jour à S. E. le ministre de l'intérieur pour l'inviter à appuyer et ma demande et l'adresse du Conseil. Je joins ici copie de cette lettre.

» J'ose vous prier, Monsieur le comte, de vouloir bien vous intéresser en faveur de la ville chef-lieu de votre Sénatorerie. Vous en êtes devenu le protecteur et l'appui. Déjà vos qualités estimables vous y ont précédé; mais avec quel enthousiasme, quelle recon-

à propos de leur donner dans leur arrondissement et lui en rendront compte direc'ement.

Les sénatoreries seront conférées par le Premier Consul sur la présentation du Sénat qui, pour chacune, désignera trois sénateurs.

Pour des raisons qui m'échappent, Guéret avait été choisi comme résidence du titulaire de la sénatorerie de Limoges. Un arrêté consulaire du 6 brumaire an XII lui avait assigné comme habitation le local de l'ancienne école secondaire.

La dotation fournie par le département de la Haute-Vienne s'élevait à 13.852 francs. Elle était formée des revenus de plusieurs immeubles nationaux, dont trois situés à Limoges.

naissance, quelle affection vous y serez accueilli si vous daignez seulement tenter de lui obtenir la faveur insigne qu'elle sollicite. Elle y a des droits assurés, l'oubli seul a pu la priver du rang distingué qu'elle réclame. Quelle jouissance pour votre cœur bienfaisant si vous pouvez réussir.

» Agréez, je vous prie, l'assurance de ma respectueuse consi-dération.

» Le maire de Limoges,

Signé : « NOUALHIER aîné » (1).

« Monsieur le comte Garnier, rue de Larochefoucaud, n° 6, à Paris. »

Après une attente de quarante jours, la municipalité reçut du comte Garnier la réponse ci-après, froide, polie, administrative pour tout dire :

« Paris, 25 aoust 1810.

» Je viens de recevoir, Monsieur le Maire, la lettre que vous m'avez fait l'honneur de m'écrire le 16 juillet dernier, à laquelle était jointe la copie d'une lettre adressée par vous au ministre de l'Intérieur, dont l'objet est d'obtenir de Sa Majesté que la ville de Limoges soit portée au rang des bonnes villes de l'Empire.

» Je fais des vœux bien sincères pour que la ville à la tête de laquelle vous êtes placé obtienne une distinction que sa population et son importance semblent lui mériter ; mais c'est à peu près tout ce qu'il m'est permis de faire. L'honneur que j'ai d'être titulaire de la Sénatorerie de Limoges ne me donne aucun caractère public qui puisse m'autoriser à parler au nom de votre ville ni à solliciter directement la faveur à laquelle vous prétendez. Cette affaire est dans les attributions du ministre de l'Intérieur et c'est par le canal de ce ministre seulement que cette grâce doit vous parvenir, si l'Empereur juge à propos de l'accorder. Tout ce qui m'est permis dans cette circonstance, c'est d'engager le ministre à faire un rapport dans son plus prochain travail avec Sa Majesté et de le faire dans le sens le plus favorable.

» Il me reste toujours à me féliciter d'une occasion qui me procure l'honneur de vous assurer de ma parfaite considération et de tous les sentiments distingués dont je vous prie, Monsieur le Maire, d'agréer la sincère expression.

» Le président du Sénat,

Signé : « G. GARNIER » (2).

(1) Archives municipales de Limoges, D (s. n.).
(2) Archives municipales de Limoges, D (s. n.).

De son côté, le ministre de l'Intérieur accusa réception de la requête de la ville dans les termes suivants :

« *A MM. les membres du Conseil général de la ville de Limoges.*

» Messieurs, Sa Majesté a reçu le mémoire que vous lui avez adressé pour obtenir que la ville de Limoges soit admise au nombre des Bonnes villes de l'Empire.

» Sa Majesté vient d'ordonner le renvoi de cette demande à M. le ministre de l'Intérieur.

» Agréez, Messieurs, les assurances de ma haute considération.

(Signature illisible) (1).

» Compiègne, le 18 septembre 1811. »

Puisque l'accès aux dignités, aux honneurs et aux grâces n'est ouvert qu'à ceux qui savent se rendre agréables au souverain par une attitude constamment conforme à ses vues, il convient de rechercher les titres particuliers que la Haute-Vienne pouvait faire valoir sous ce rapport. Il nous faudrait pour cela suivre la marche de l'opinion publique dans ce département, savoir ce que les contemporains ont pensé des régimes successifs et si divers sous lesquels ils ont vécu, comment ils se sont comportés en présence des évènements. En un mot, avant d'argumenter, il nous faudrait faire des analyses et tirer des moyennes, dégager les facteurs permanents et temporaires qui, s'unissant, commandèrent les faits déterminants de la vie sociale, tant l'examen d'une institution est intimement lié à la connaissance de l'état social. C'est cette enquête que j'ai tenté de faire en la restreignant aux traits essentiels. Je ne me suis pas interdit toutefois les développements et les réflexions tirés de faits incidents non plus que le recours à l'appoint d'accessoires extra-historiques. Bien que mon enquête se soit étendue à tout le département, elle s'applique plus spécialement à la ville de Limoges. Car celle-ci est la tête et le cœur, les autres portions de l'association départementale ne sont que ses prolongements. Aussi bien, tel chef-lieu tel département.

Dans la reconstitution concrète du milieu social qui servira de cadre à la présente étude, nous aurons occasion de voir à l'œuvre des individualités de haut vol : soldats, magistrats, fonctionnaires, c'est-à-dire des fractions de ce personnel qui, par sa permanence même, forme comme l'ossature du régime impérial. Nous pénétrerons ainsi intimement la physionomie morale de ces personnages qui, plus tard, donnèrent le spectacle de tant de palinodies.

(1) Archives municipales de Limoges, D (s n.).

Le département de la Haute-Vienne s'était montré constamment fidèle à la Révolution. S'il avait donné des gages de son amour de la liberté, il avait entendu ne la point séparer de la cause de l'ordre. Le parti jacobin était resté sans racine dans la masse de la population. Non pas que les passions aient été là moins vives qu'ailleurs ou exemptes de violences; mais les excès commis furent, le plus souvent, le fait de quelques individus pour la plupart étrangers au pays et ils s'étaient pour ainsi dire fondus dans la tonalité générale d'une majorité franchement modérée (1). Les convictions des citoyens n'avaient rien d'hésitant ou de timoré : elles étaient le fruit d'une volonté mûrement réfléchie. Pourtant, après le dix-huit thermidor, ce département se vit dénoncer, publiquement et de haut, comme un foyer d'anarchie. Malgré les efforts du général Jourdan, qui faisait alors partie du conseil des Cinq-Cents, sa députation fut décimée et deux de ses membres frappés d'ostracisme (2). On fit même aux électeurs limousins l'injure imméritée d'user de procédés spéciaux pour capter leurs votes : le chiffre des sommes mises à la disposition du commissaire du pouvoir exécutif pour cette besogne de corruption est connu (3).

Limoges et le département accueillirent avec un calme absolu la nouvelle du coup d'État de brumaire. Pas un instant, semble-t-il, ils ne s'émurent de ce qui se passait à Saint-Cloud. L'administration exécuta consciencieusement les ordres venus de Paris et publia sans difficulté les documents qui lui furent transmis (4). Parmi

---

(1) Dès son premier rapport au ministre de l'intérieur (1802) le préfet de la Haute-Vienne constate que ce département « est un de ceux de la République où les excès et les déchirements occasionnés par la Révolution ont été le moins sensibles ; aussi sa tranquillité n'a-t-elle presque jamais été troublée d'une manière alarmante. » (Archives départementales de la Haute-Vienne, M 1702).

(2) L'élection des citoyens Dumas et Gay-Vernon fut annulée.

(3) « Le Directoire, tout en rougissant, croit devoir arrêter une distribution d'argent qui sera faite, dans le mode suivant, aux préparateurs et machinateurs des élections ». (Suit un état nominatif des fonctionnaires ou agents particuliers auxquels il a été remis des fonds sur ceux des dépenses secrètes pour manœuvrer les élections de l'an VI). Périgord, commissaire central du pouvoir exécutif dans la Haute-Vienne reçoit 2.000 francs. Les sommes remises varient entre mille et trois mille francs. (*Mémoires de Barras*, III, 197).

(4) Le représentant du peuple Ch.-Ant. Chasset, délégué des consuls dans la 21ᵉ division militaire, se borna à suspendre de ses fonctions l'un des administrateurs du département, à réintégrer douze commissaires

ceux-ci se trouvait la loi du 19 brumaire proclamant entre autres mesures la déchéance de leur mandat « pour les excès et les attentats auxquels ils s'étaient constamment portés » de soixante-un membres de la représentation nationale, au nombre desquels deux députés de la Haute-Vienne, Jourdan et Bordas.

Le 27 ventôse an VIII (18 mars 1800), le citoyen Pougeard-Dulimbert, premier préfet de la Haute-Vienne, est installé dans ses fonctions. Une délégation de l'administration centrale va, précédée d'un détachement de la garde nationale, chercher le préfet pour le conduire dans la grande salle des délibérations où il trouve réunies toutes les autorités venues pour le saluer. Il est harangué par le commissaire du gouvernement qui, avant de résigner ses fonctions, prononce un discours dont voici l'exorde : « Nous avons traversé onze années de révolution et cette carrière a été parsemée de ruines. Depuis onze ans nous parcourons le cercle des théories du bonheur social et depuis onze ans nous n'avons éprouvé que privations et misère. Depuis onze ans nous courons après la liberté et nous avons été alternativement les jouets et les victimes des factions qui se sont succédé avec tant de rapidité. Depuis onze ans le langage de la fraternité est dans toutes les bouches et les passions en effervescence ont enfanté les divisions et les haines. Enfin depuis onze ans les nombreux sacrifices des Français devaient leur assurer un édifice politique stable et nous touchions au moment de la dissolution sociale. Enfin, un jour heureux est venu luire sur la France. Ce jour a comblé l'abime. Sur les débris des factions s'est élevé un gouvernement fort, majestueux et solide » (1).

Avec un remarquable esprit d'à-propos, M. Pougeard-Dulimbert répond en évoquant, à son entrée en charge, le souvenir de Turgot : « Puisse, dit-il, le génie de ce grand homme, qui fut républicain à la cour des rois, inspirer toutes mes pensées, diriger tous mes travaux. » Par dessus la période révolutionnaire, période transitoire, achevée et close, il relie ainsi le présent au passé.

Des congratulations réciproques échangées à cette occasion, ce qu'il faut retenir c'est la joie franche et sincère avec laquelle tous accueillent la fin de la révolution. On peut enfin compter sur un lendemain. A la fièvre des passions va succéder une activité réglée et féconde. « La révolution est finie », a dit le Premier Consul, et chacun de répéter ces mots qui signifient : retour de l'ordre et de

cantonaux révoqués après le 30 prairial an VII (18 juin 1799) et à dissoudre une association politique siégeant à Limoges et qui se réunissait dans la salle des exercices de l'Ecole centrale.

(1) Archives départementales de la Haute-Vienne, L 86.

la stabilité, rétablissement de la paix extérieure, restauration du crédit et reprise des affaires.

Le citoyen que nous venons d'entendre évoquer la mémoire du plus illustre des intendants du Limousin n'était pas un inconnu pour tous ceux qui l'écoutaient. Dans son auditoire, il put remarquer entre autres l'ex-procureur syndic du département, Pierre Dumas, avec qui il s'était plus d'une fois trouvé en correspondance. Député de la sénéchaussée d'Angoulême aux Etats-Généraux, Pougeard-Dulimbert devint membre du comité ecclésiastique de l'Assemblée constituante. Le 20 février 1791, il traite avec Dumas une question relative au culte. Sa lettre achevée, il ajoute en post-scriptum : « J'ai appris avec plaisir la proclamation de votre nouvel évêque. Il paraît qu'il a fallu trois tours de scrutin et que le Saint-Esprit a été bien lent à descendre sur les électeurs » (1).

L'installation du conseil général suivit de près celle du préfet : elle eut lieu le 1er thermidor an VIII (20 juillet 1800). Le procès-verbal de la première réunion ne garde trace d'aucune adresse au gouvernement ; mais, dès la session suivante, cette assemblée ne perdra aucune occasion de manifester sa confiance et son admiration pour Bonaparte. Fréquents et chaleureux seront les panégyriques. Assurément, on peut tenir pour affaire de convention ces adresses au pouvoir établi. Elles n'attestent pas moins une unanimité absolue dans le concert d'allégresse et de louanges.

Le 9 février précédent, le Premier Consul avait pris possession du palais des Tuileries, fait infiniment significatif, premier pas vers le trône. Quatre ans plus tard, en effet, l'aigle impériale se substituait partout aux faisceaux consulaires.

Au mois de brumaire an XIII (novembre 1804) la nation française était appelée à se prononcer sur la proposition suivante : « Le peuple veut l'hérédité de la dignité impériale dans la descendance directe, naturelle, légitime et adoptive de Napoléon Bonaparte ». Les résultats de ce plébiscite témoignent des progrès extraordinaires accomplis dans les couches sociales par l'idée napoléonienne. Dans douze départements, sur les cent neuf, la proposition rallie l'unanimité des voix ; dans les autres, les votes négatifs varient de 1 à 204. La Haute-Vienne est parmi les premiers : 19,822 citoyens ont répondu affirmativement. Il est vrai que le vote a eu lieu publiquement, par une déclaration inscrite sur des registres ouverts au secrétariat des différentes administrations et des municipalités, aux greffes des tribunaux et des justices

(1) Archives départementales de la Haute-Vienne, L 362.

de paix et chez les notaires. De plus, on a omis de mentionner, détail important, le nombre des abstentions (1).

Y avait-il donc eu renversement soudain des convictions et abandon des principes républicains? Les masses s'étaient-elles subitement désaffectionnées de toute indépendance ? Non, nos concitoyens n'étaient pas hommes à crier suivant les temps « Vive la nation ! » ou « Vive Bonaparte ! » Mais au régime de violence et d'oppression, le faisceau des convictions et des aspirations s'était rompu. Les esprits, qu'agitait une sorte d'inquiétude, restaient vacillants. Or, le coup d'État de brumaire avait été présenté aux populations désabusées de leur rêve de liberté comme un grand acte de salut public, précurseur de la tranquillité intérieure et de la paix extérieure, susceptible d'assurer la stabilité des institutions républicaines. La constitution de l'an VIII, œuvre de fatale réaction politique, n'en consacrait pas moins la plupart des conquêtes sociales de la Révolution. De plus, jamais la France ne fut aussi heureuse que durant les cinquante-quatre mois du Consulat. A cette période se rattachent le code civil et le concordat, l'affermissement de nos frontières du Rhin et des Alpes, l'organisation administrative, judiciaire, financière, coloniale, ecclésiastique, l'amnistie générale. Bref, le pays avait eu tout au moins l'illusion de la vraie force et de la vraie grandeur. Faut-il s'étonner que les esprits aient subi l'attraction du génie qui se manifestait avec une si admirable puissance ? Le rêve fut, d'ailleurs, de courte durée.

Quelques années à peine se sont écoulées et déjà l'intellectualité des Limousins, absorbée par le souci journalier des affaires qui avaient reçu un nouvel essor, semble n'accorder nul loisir à la politique. La soumission des citoyens aux lois et leur déférence envers les représentants du pouvoir n'impliquent chez eux l'abdication ni de la raison ni de l'indépendance. La même oligarchie de familles bourgeoises qui, au xviiͤ siècle, détenaient l'autorité municipale et les offices de magistrature et de finance forme maintenant les nouveaux cadres administratifs. La haute bourgeoisie est donc toute acquise au gouvernement impérial. L'intérêt personnel comme la consigne stricte de tout fonctionnaire le porte à un dévouement absolu. Mais la grande majorité de la population, le petit peuple attaché au négoce ou à l'industrie se refuse à entrer « dans le système ». C'est que son libéralisme inquiet ne voit pas sans regret l'œuvre de la Révolution détruite pièce à pièce par ceux qui en eurent la garde. Aussi se montre-t-il singulièrement

____

(1) V. le recensement des votes dans le *Bulletin des lois*, an XIII. t. XXVII.

enclin à ne considérer dans le souverain que le despote. C'est pourquoi dans les villes comme dans les campagnes (1), à demi dépeuplées par la conscription et les levées extraordinaires, on commémore mollement les anniversaires; les fêtes officielles sont célébrées avec un concours médiocre de notabilités locales. Il n'y a pas foule, loin de là, aux *Te Deum* chantés dans l'église cathédrale en actions de grâces des victoires remportées par « Sa Majesté » sur « les troupes » des autres souverains. Et devant ce vide du temple, le préfet multiplie pour le populaire les occasions de manifester sa joie. Il prend soin de faire observer que « ces victoires et la reconnaissance due au chef auguste de la nation ne doivent pas seulement être célébrées dans les églises, mais encore par tous les citoyens ». Pour entrer dans ces vues, un feu de joie sera

(1) Le 1er messidor an X (20 juin 1802) le maire de Couzeix, petite commune des environs de Limoges, écrit au préfet : « L'esprit public, d'après sa manifestation aux époques marquantes et l'opinion sur le régime actuel, est entremêlé d'attachement et d'indifférence. L'indifférence est produite par le défaut d'instruction, la grande multiplicité des occupations rurales, l'habitude de la jouissance des bienfaits de la Révolution et par cette propension constante de l'homme à se plaindre plus du mal qu'à se louer du bien. L'attachement provient du souvenir des grandes choses opérées magiquement sous le régime actuel, de sa comparaison avec les régimes précédents capable d'inspirer de la reconnaissance aux cœurs les plus froids. »

De son côté, le maire de Condat, autre commune voisine de Limoges, écrit le 7 du même mois : « Comme notre commune n'est composée que de cultivateurs tout occupés des travaux ruraux, ses habitants sont assez indifférents à la forme du gouvernement. Leur unique ambition est d'être paisibles et de pouvoir jouir en repos du produit de leurs travaux; c'est dans ce principe qu'ils ont tous accueilli avec enthousiasme la proposition faite par le gouvernement de continue: le consulat de Bonaparte sa vie durant. Dans le même principe, ils désireraient dans le gouvernement une plus grande stabilité encore, celle que lui donnerait la successibilité. Ils voudraient encore une grande élagation dans le nombre des fonctionnaires publics bien plus nombreux qu'autrefois et qui, par ce qu'ils coûten à l'État, absorbent la majeure partie des fonds de l'État et nécessitent la continuation des impôts qu'ils trouvent exorbitants. Le gouvernement actuel doit être convaincu de cette vérité, c'est qu'il sera jugé par la classe la plus nombreuse et la plus essentielle de l'État comparativement à celui plus ancien, dont il lui retrace la mémoire et que tout abus deviendrait l'objet de sa critique et de son mécontentement. Car le paysan est plus clairvoyant qu'on ne pourrait le croire et raisonne plus juste que ses lumières paraissent le supposer. »

Archives départementales de la Haute-Vienne, M 1703.

allumé, à sept heures du soir, sur la place de la mairie et il y aura
bal champêtre (1).

L'opposition des habitants de Limoges se manifeste d'abord sous
la forme d'un refus des présents que leur offre le gouvernement.
Elle s'affirme notamment à l'occasion de l'institution de deux grandes
foires, dites « foires impériales » qu'un décret du 14 octobre 1805
fixait aux 1er avril et 22 septembre de chaque année en assignant à
chacune une durée de onze jours. Déjà les marchands et les
boutiquiers s'étaient prononcés, à la presque unanimité, contre la
création dans cette ville d'une bourse de commerce qu'ils jugeaient
d'une complète inutilité (2). Il n'avait fallu rien moins que la
promesse formelle de l'ouverture d'un lycée, instamment sollicitée,
pour les faire revenir sur une appréciation mûrement délibérée.
Très vite, il fut démontré que la bourse n'avait pas sa raison d'être
et le décret consulaire du 18 mars 1802 demeura sans autre sanc-
tion que la nomination d'un courtier qui, d'ailleurs, n'exerça pas.
Or, cette fois, les pouvoirs publics s'étaient abstenus de consulter
non seulement les intéressés, mais encore leurs représentants
naturels, les officiers municipaux et le tribunal de commerce. De
là de vives controverses au travers desquelles perce l'esprit d'opposition au régime. C'est ainsi que l'auteur des *Observations sur
une lettre anonyme relative aux nouvelles foires de Limoges* (3)

(1) Lettre du préfet au maire de Limoges, 14 novembre 1806 (Archives
de la Haute-Vienne, M 1091).

(2) Aux termes de l'arrêté consulaire du 27 ventôse an X (18 mars 1802),
l'église du collège était affectée à la tenue de la bourse. Le nombre des
courtiers de commerce pour les marchandises et le roulage ne devait pas
excéder six. Les droits de commission et de courtage devaient être perçus
d'après un tarif, conforme à l'usage local, arrêté par le tribunal de commerce.

Limoges possédait aussi :

Un Conseil du commerce institué au mois de fructidor an IX et composé
de dix commerçants ou fabricants;

Une Chambre consultative des manufactures, fabriques et arts et métiers,
créée par décret du 12 germinal an XII (2 avril 1804) et composée de six
industriels.

(3) Brochure in-16 de dix-huit pages (*s. l. n. d.*). Cet écrit, qualifié de
libelle, fut saisi le 14 mars 1805, sur l'ordre du préfet, à raison de la
phrase suivante que ce fonctionnaire jugea diffamatoire : « Méfiez-vous de
ces hommes à imagination ardente, à volontés impérieuses, qui poursuivent
tête baissée les chimères de leur esprit ». M. Pétiniaud-Champagnac,
négociant à Limoges, se reconnut l'auteur de cette brochure et l'imprimeur Chapoulaud déclara l'avoir tirée à 300 exemplaires. — Archives municipales de Limoges, D (s. n.).

reproche au promoteur de cette création, c'est-à-dire au préfet, d'avoir agi par surprise, à l'encontre des véritables intérêts du département et aussi contre les intentions bienfaisantes de l'empereur. Les détaillants, qui redoutaient la concurrence des étalagistes forains, se coalisèrent étroitement sans parvenir cependant à un autre résultat immédiat que celui d'amoindrir sensiblement l'importance des deux foires (1).

Aussi bien, dans les comptes rendus que, dès 1802, le préfet Texier-Olivier (2) adresse, mensuellement d'abord puis trimestriellement, au ministre de l'Intérieur sur la situation du département, sous la rubrique « esprit public », revient sans cesse la navrante constatation du même état flagrant et indissimulable de l'opinion :

(1) « Aux deux foires impériales qui, d'année en année, attirent un plus grand concours d'acheteurs et commencent à rivaliser avec celles de Tulle et de Bordeaux, on trouve dans les magasins réunis sur la place de Saint-Martial destinée à ces foires, toutes sortes de marchandises de mode et de goût en bijoux, argenterie, écaille, ivoire, etc., de jolie porcelaine, de la quincaillerie, de la draperie et un assortiment de petits meubles et joujoux, etc., etc. » (*Calendrier... de la Sénatorerie de Limoges*, 1810).

» Ces foires prendront, en dépit du commerce de cette ville qui cherche à les faire tomber ou à en obtenir la suppression... Je n'ignore pas que ces foires doivent nuire aux intérêts de quelques marchands détaillants, mais je sais qu'en établissant une concurrence utile, elles font baisser les marchandises et disparaître ces prix arbitraires et excessifs dont on se plaignait généralement et favorisent par là la masse de mes administrés » (Rapport du préfet au ministre de l'Intérieur, 2 mai 1808).

Les commerçants faisaient observer que leur industrie « consistait principalement dans les voyages fréquents que les marchands de Limoges, en gros et en détail, font à différentes époques de l'année pour aller acheter dans les fabriques ou ports de mer qui présentent le plus d'avantages à l'acheteur les marchandises ou denrées de toute espèce nécessaires pour fournir aux besoins du département et de ceux qui l'avoisinent, soit pour alimenter jusqu'aux extrémités de la France les départements les plus éloignés qu'ils savent en être dépourvus. Par ce moyen, Limoges sert en quelque façon d'entrepôt entre le Nord et le Midi de l'empire. Ses marchands ne cessent de transporter du Midi au Nord et du Nord au Midi les produits ou denrées de chaque climat en fournissant toujours autant qu'ils peuvent les contrées intermédiaires, notamment celles dont ils sont le plus rapprochés... » (*Observations...*, p. 8 et 9).

La première conséquence de la création des nouvelles foires fut d'affaiblir l'importance de celle dite de Saint-Loup. Si bien que, dès 1808, le préfet était d'avis de fusionner les foires du 1er avril et du 22 mai, beaucoup trop rapprochées. En 1811, il constate que les foires impériales sont toujours en décroissance.

(2) Avait succédé à M. Pougeard-Dulimbert, le 9 mars 1802.

soumission résignée aux lois, absence complète d'enthousiasme, inertie passive de tous ceux que n'aiguillonne pas le besoin de parvenir aux honneurs.

« L'esprit public du département que j'administre — écrit le préfet le 23 avril 1807 — est toujours le même ; on n'y rencontre ni enthousiasme ni énergie, mais soumission aux lois, résistance aux suggestions perfides et dévouement absolu à l'empereur (j'en excepte les lois sur la conscription). » (1).

Et une autre fois : « J'ai déjà observé que, quoique les dispositions des habitants de la Haute-Vienne fussent en faveur du gouvernement, on n'y rencontrait cependant point d'esprit public et que l'insouciance, l'apathie et les préjugés du plus grand nombre y présentaient des obstacles presque invincibles. J'ai fait jusqu'ici mille efforts, j'ai employé tous les moyens que m'offrait l'autorité dont je suis honoré pour retremper leurs âmes sans pouvoir y réussir (2). Ils exécutent les lois sans résistance (celles sur la conscription exceptées), payent sans murmurer leurs contributions et ne sortent de leur insensibilité que lorsque leurs cœurs sont ébranlés par quelque évènement frappant » (3).

Et encore : « On ne peut attendre ni énergie ni dévouement de la plupart des habitants : lents et apathiques par caractère, ils se passionnent difficilement, mais ils observent les lois, ils chérissent et respectent le gouvernement et sont incapables de former ou

(1) Archives départementales de la Haute-Vienne, M 1908.

(2) Le préfet Texier-Olivier était cependant un homme d'une rare énergie à en juger par certains faits relatés dans une notice que lui consacra le *Dictionnaire des Jacobins vivants* (Hambourg, 1799).

C'était, de plus, un administrateur d'un grand mérite. La sagesse de ses vues et son active vigilance étaient fort appréciées en haut lieu. A maintes reprises, il reçoit de son chef hiérarchique les marques de satisfaction les plus flatteuses. Le 3 mars 1807, le ministre de l'Intérieur lui écrit : « Vous avez satisfait au-delà même de ce que je pouvais espérer aux renseignements que vous m'aviez inspiré, par votre compte rendu précédent, le désir d'avoir sur les prisonniers russes. Vous me donnez sur le produit moyen des châtaigniers les détails que je vous avais demandés; enfin vous m'envoyez la traduction en limousin que j'avais désirée. Et tout cela vous l'avez fait malgré les embarras résultant d'une seconde levée de conscrits dans un pays où la première était orageuse. Croyez, Monsieur, que je sais apprécier le mérite de cette exactitude qui fait que, sans rien ôter aux soins administratifs d'une importance première et urgente, on accorde encore aux objets secondaires mais utiles le degré d'attention qu'ils méritent » (Archives départementales de la Haute-Vienne, M 1908).

(3) Rapport du 27 juillet 1807 (Archives départementales de la Haute-Vienne, M 1903).

même d'entrer dans aucun complot inquiétant pour l'État » (1).

Le 9 mai 1811, le préfet écrit encore : « Des qualités aussi précieuses sont affaiblies par leur résistance aux lois sur la conscription : ils ont une répugnance presque invincible pour le métier des armes et finissent cependant par devenir d'excellents soldats. Instructions, proclamations, mesures de rigueur, j'ai tout employé pour vaincre cette répugnance sans pouvoir y réussir. J'ai la preuve qu'on ne peut rien obtenir ici que par la terreur. Les désertions sont moins nombreuses que les années précédentes, mais l'esprit d'opposition a conservé toute son intensité. Il faut s'armer de toute la sévérité de la loi pour les détacher du sol ingrat qui les a vu naître et qui ne leur offre qu'une nourriture grossière et l'existence la plus pénible. »

« Ils finissent par devenir d'excellents soldats ! » Hé sans doute ! et voici pourquoi, trois ans plus tard, quand, devant l'invasion, le gouvernement, au nom de la patrie en péril, adressera une suprême invitation à tous les militaires retraités de la garde impériale en état de reprendre momentanément les armes, le préfet de la Haute-Vienne pourra écrire : « Si nul n'a répondu à mon appel, c'est que les soldats de cette catégorie ayant quitté l'armée sont ici en très petit nombre et tous grièvement blessés » (2).

Enfin, dernière citation extraite d'un rapport du 6 mai 1813 : « Il est peu de départements où l'esprit public ait moins d'énergie ; mais il n'en est peut-être point où il soit plus stable.... L'exaltation de l'imagination brûlante du peuple du Midi semble s'être arrêtée sur les confins du département ; mais aussi les écarts de cette imagination y sont inconnus et si le peuple y est moins enthousiaste, il y est aussi plus difficile à séduire : s'il y est moins démonstratif, il y est plus vrai. Le cœur et la raison sont ses seuls guides » (3).

La vérité est que la fréquence des mouvements et l'intensité des secousses imprimées par la Révolution avaient jeté le peuple dans un état d'insensibilité qui se prolongea longtemps après la crise et duquel il n'était réveillé que par des objets le touchant de très près, tels que les impôts et la conscription.

Or, à quoi eût servi que le nom du souverain fût prononcé avec respect, que le peuple, dissimulant son aversion ou son indifférence, demeurât prosterné dans l'obéissance, s'il restait absent de cœur, inassimilable et dans l'attitude passivement gênée d'un étran-

<hr>

(1) Rapport du 2 mai 1808 (Archives départementales de la Haute-Vienne, M 1903).

(2) Archives départementales de la Haute-Vienne, M 1796.

(3) Archives départementales de la Haute-Vienne, M. 1908.

ger simplement domicilié ? Non, il fallait qu'il prît réellement confiance dans le régime et que cette confiance se traduisît par des
actes matériels, perceptibles et immédiats.

Selon l'expression de M. Taine, le préfet est à la fois un décor
et un outil. Comme décor, il doit avoir le goût de la forme, excel-
ler dans l'art de la représentation. C'est sa fonction et son devoir
d'embellir de sa présence non seulement les grandes cérémonies
publiques, mais encore toute assemblée de citoyens. Ce sont là les
intermèdes sérieux, le souci constant de sa vie administrative.
Comme rouage, le préfet est l'un des organes d'impulsion du souverain. Sous peine de laisser soupçonner une imperfection dans le
moteur principal, duquel il reçoit la pression quotidienne, il doit
remplir son office, non seulement avec zèle, mais avec succès. Son
rôle ne consiste pas uniquement à lever des impôts et à faire mar-
cher des réfractaires. Il a une mission de propagande et d'assimi-
lation. Rien ne doit échapper à sa connaissance ou se dérober à sa
direction. Il est comptable des opinions des ses administrés comme
de leurs actes, de leur tiédeur ou de leur froideur. A lui de
réchauffer leur zèle politique par l'exemple de son ardeur, d'exalter leur fidélité par d'entraînantes allocutions. Instrument de règne,
il lui faut produire des résultats positifs. Il faut que ses efforts et
sa réussite soient visibles. Or, il n'y a pas à dire, en Haute-Vienne,
le cerveau populaire demeure obstinément réfractaire au redresse-
ment qu'on veut lui imposer.

Cet insuccès persistant est susceptible de jeter la défaveur sur le
thuriféraire le plus expansif. Le préfet l'a bien compris et c'est
pourquoi il s'applique à fixer les influences indéterminées qui agis-
sent sur les populations de son département. Cette explication, il
la doit et il la donne ; car il croit l'avoir trouvée dans la triple
cause que voici, qu'il énonce avec une remarquable assurance
sinon avec une pleine conviction : ignorance des habitants, gros-
sièreté de la nourriture servant à leur consommation, absence de
boissons fermentées dans l'alimentation publique (1).

Au point où en sont venues les choses, c'est à peine si la curiosité
du populaire est mise en éveil par le passage des hôtes de marque,
brillants reflets de sa gloire, que projette un peu partout l'astre
impérial. Un fils du général Souham naît à Saint-Germain-les-
Belles, où la famille possède des propriétés. L'empereur ayant
accordé au père la faveur insigne de faire tenir en son nom l'enfant
sur les fonts du baptême par le préfet Texier-Olivier, l'église cathé-

(1) Rapport du 27 juillet 1807. (Archives départementales de la Haute-
Vienne, M 1908.)

drale de Limoges est choisie pour la cérémonie. Celle-ci, présidée par l'évêque, a lieu le 10 février 1808, en grand apparat. Tout ce que la ville compte de fonctionnaires et d'autorités, la garde nationale, des détachements des différents corps militaires, les élèves du lycée font escorte à Mᵐᵉ Souham et à son enfant à travers les rues. Le soir, un dîner de quarante couverts et un bal à la préfecture terminent cette fête quasi officielle. Au milieu des acclamations, des toasts et des discours, il n'est pas difficile de découvrir l'invariable calcul d'un pouvoir qui rapportait tout à lui-même (1).

La naissance du roi de Rome allait porter au comble l'enthousiasme du monde officiel. Fixé d'abord au 2 juin 1811, le baptême de l'Aiglon fut remis au 9 du même mois. Une lettre circulaire du ministre de l'Intérieur du 17 avril annonçait qu'à cette occasion Sa Majesté recevrait avec bonté les maires des Bonnes Villes qui se rendraient à Paris accompagnés de délégués des conseils municipaux. Il leur serait alloué, sur les fonds de l'Etat, un crédit suffisant pour subvenir aux frais de leur voyage, pour les mettre à même de paraître d'une manière convenable à la cérémonie et pour donner à leurs gens une livrée aux armes de la ville. Au cas où ces armes n'auraient pas encore été réglées, il était expliqué que la livrée serait analogue à celle que la ville avait autrefois.

Ce fut un coup affreux pour la sensibilité des officiers municipaux de Limoges. Ils se remémorèrent l'insuccès de leurs démarches et comprirent qu'il ne servirait à rien d'agiter à nouveau dans le ville le stérile souvenir d'un passé qui ne fut pas sans grandeur. Aussi, « informés que beaucoup de communes, à l'instar des bonnes villes, ont voté des députations pour assister à ces cérémonies augustes », ils votent, à leur tour, dans la séance du 15 mai, une adresse à l'empereur et désignent quatre des leurs pour porter aux pieds du trône les hommages de la commune. Leurs délégués sont : MM. Joseph-François Noualhier, maire ; Guillaume Guérin-Lésé, avocat, notaire et adjoint ; Jean-Baptiste-Paul Bourdeau-Lajudie et François Pouyat, négociants et membres du conseil municipal. De plus, ils chargent leurs députés de faire l'acquisition d'un buste de Napoléon pour le placer dans la salle des séances de la municipalité.

(1) Supplément au *Journal de la Haute-Vienne* du 12 février 1808. C'est une circonstance analogue qui, deux ans plus tard, conduisait à Limoges le maréchal Augereau et la duchesse de Castiglione. Nous les voyons, le 16 juillet 1810, tenir sur les fonts baptismaux, dans l'église cathédrale, un fils de M. Michelon du Masbareau, inspecteur des droits réunis.

L'administration trouva bon de faire coïncider l'érection de ce buste avec le baptême du prince impérial. La journée du 8 juin fut donc une journée d'allégresse. « Dès le matin — dit le compte rendu officiel — les places publiques devinrent le théâtre de la joie commune; des orchestres invitaient à la danse; des fontaines de vin coulaient; le plaisir réunissait tous les états, rapprochait tous les rangs ». Cinq jeunes filles furent mariées avec d'anciens militaires et reçurent chacune 600 francs de dot. A midi, *Te Deum* à la cathédrale; après quoi, inauguration à la mairie du buste de l'empereur. Le préfet et le commandant de la garde nationale déposèrent l'un une couronne de chêne, l'autre une couronne de laurier. Le soir, dans la ville brillamment illuminée, on remarquait des transparents figurant des sujets allégoriques fort ingénieux tels que l'union du Tibre et de la Seine, etc. Devant ces exhibitions et ces parades, les gens bien pensants applaudissent et exultent; les esprits pointilleux, les simples contribuables, ont le mauvais goût de regretter l'argent parti en fumée.

Deux ans se sont écoulés depuis lors. L'astre impérial, qui a vu son apogée après Friedland, est maintenant à son déclin. De la vertigineuse élévation, des gigantesques entreprises de celui qui, un instant, fut le maître du monde, que restera-t-il bientôt? Un ample sujet de réflexions sur l'instabilité du pouvoir qui n'a d'autre base que le prestige de la gloire et que la force pour appui, de salutaires enseignements sur les limites imposées à la toute puissance par la nature même des choses. Après les gloires du triomphe, les humiliations de la défaite. L'empereur connaît déjà les soudains retours de la fortune lassée. Dès le mois de septembre 1813, des nouvelles inquiétantes parviennent de l'armée d'Espagne; les mouvements rétrogrades de plusieurs corps de l'armée du Nord ajoutent à l'anxiété générale, puis les revers et les désastres se succèdent avec rapidité.

Les populations eurent cruellement à souffrir de cet état de choses : levées extraordinaires de troupes, formations de cohortes destinées à remplacer ou à seconder les garnisons de l'intérieur, réquisitions de chevaux, de bœufs, de mulets, exigeant de fortes avances, augmentation des impôts dans la proportion d'un tiers : tels furent les sacrifices réclamés pour l'effort suprême.

Dans la Haute-Vienne, les levées s'opérèrent sans résistance ni murmures; les avances furent faites avec autant de confiance que de célérité et la prestation en argent versée avec le plus louable empressement. D'après un relevé officiel dressé au mois d'avril 1814, les réquisitions de toute nature en subsistances, fournitures d'équipement et les contingents en deniers fournis par ce département pendant six mois s'élevèrent à 670,134 fr. 44 c. (1). Durant ce temps, l'ordre et la sécurité publique ne furent pas un seul instant troublés. Point de fermentation dans les esprits, mais une conception très nette de la tâche héroïque à accomplir. Les citoyens restèrent ce qu'ils s'étaient toujours montrés, pleins de fermeté et de soumission.

Cependant, à partir du 25 janvier 1814, les progrès menaçants des alliés s'accentuent au point que la situation apparaît désespérée. L'indomptable énergie de l'empereur rappelle la fortune infidèle, une série de victoires ranime l'espérance, puis, de nouveau, le sort des armes se tourne contre lui; les événements le trahissent, le hasard se fait le complice de ses adversaires. Et maintenant, c'est l'invasion! De tous côtés, les conquérants du monde se replient devant les troupes de la coalition. Comme les soldats de l'an III, ils vont pieds nus, en plein hiver. Leurs chaussures sont usées. Si longue fut la route! Les 3 et 5 février, les hommes de la 9ᵉ division d'infanterie de l'armée d'Espagne sont de passage à Limoges. Un accueil chaleureux leur est fait. On s'aperçoit qu'ils manquent de souliers. Que faire? La ville a livré aux réquisitions toutes ses réserves. La municipalité envoie alors dans les campagnes voisines où l'on parvient à réunir six cents paires qui sont offertes à la colonne. Bien inutilement, on le voit, le ministre de l'Intérieur avait, le 26 janvier, indiqué les formes de la réception dans les villes des troupes allant combattre l'ennemi. « A la différence de beaucoup d'autres — lui fut-il répondu — les départements de la 21ᵉ division militaire sont héréditairement étrangers à tout enthousiasme; ils sentent profondément les malheurs des circonstances et les devoirs qu'elles leur imposent. Jusqu'à présent, ils y ont satisfait avec résignation et une religieuse fidélité » (2).

Pendant que les événements se précipitent, les mécontents et les royalistes répandent des nouvelles alarmantes et des écrits perfides. Des fonctionnaires se font leurs complices en ne dissimulant plus leur découragement et en affichant leur inertie. D'autres, qui sentent le sol trembler et pensent au lendemain, éludent les ordres reçus par désir de ne pas se compromettre. Il en est qui ne se font pas scrupule d'assister à des conciliabules. Ceux-ci sont fréquents et parfois inopinés.

Le 9 février, M. de Roulhac, procureur général près la cour impériale de Limoges, est à dîner, en compagnie du cardinal

(1) Archives départementales de la Haute-Vienne, M 1908.
(2) Lettre du comte de Semonville du 1ᵉʳ février 1814. (Archives départementales de la Haute-Vienne, M 1796.)

Gabrieli et de quelques personnes de la ville, chez son ancien collègue aux Etats-Généraux, l'abbé Guingand de Saint-Mathieu, curé de Saint-Pierre-du-Queyroix. Pendant le repas, on annonce un prince de Rohan. Un étranger, jeune encore, est introduit; il va droit au cardinal et l'embrasse, puis au curé qu'il embrasse aussi. On l'invite à s'asseoir. Il raconte qu'il est émigré, officier au service du roi de Prusse et qu'il appartient à un corps de troupe opérant dans le Midi. Puis la conversation s'engage sur un sujet que l'on devine. Le lendemain, le procureur général raconte à l'oreille du préfet l'aventure de la veille. Le préfet, qui manque peut-être de clairvoyance, contraint M. de Roulhac à lui répéter par écrit sa confidence, après quoi il fait arrêter l'étranger. Celui-ci déclare être gentilhomme breton, se nommer d'Imbert et être apparenté aux Rohan. Il rétracte ou nie même quelques-uns de ses propos de la veille et, comme il a emprunté quelque argent, on convient que l'on a eu affaire à un escroc. L'individu est retenu en prison, mais, un mois plus tard, l'un des premiers soins du gouvernement royal est d'ordonner sa mise en liberté immédiate. Beaucoup mieux averti qu'il n'avait voulu le paraître, le préfet n'a pas attendu cet ordre et il reste bien établi que le prétendu d'Imbert était un émissaire du parti royaliste (1).

(1) Archives départementales de la Haute-Vienne, M 1880.
Je ne saurais passer sous silence « un complot aussi vaste dans ses combinaisons que fatal dans ses conséquences » — au dire du préfet de la Haute-Vienne — qui menaça ce département. Ce projet consistait à faire arriver à Limoges, à une heure après minuit, le 20 mars, les divers détachements de prisonniers de guerre stationnés dans le département et à les réunir à ceux qui se trouvaient au chef-lieu. Les conjurés devaient alors s'emparer des autorités et des caisses publiques, désarmer la cohorte urbaine, la compagnie de réserve et la gendarmerie, organiser six bataillons d'infanterie et cinq cents hommes de cavalerie en s'emparant des armes, des effets d'habillement et des munitions et, avec cette force, occuper militairement tout le département de la Haute-Vienne, le piller et le livrer ensuite aux Anglais. « Heureusement, conclut le préfet dans une proclamation à ses administrés, le complot a été découvert dans la soirée du 17 ».
Tous les conjurés étaient des officiers appartenant au corps espagnol désarmé à Bayonne et interné dans le Centre. Six d'entre eux furent traduits, par ordre du commissaire extraordinaire, devant une commission militaire siégeant à Bourges. Quant aux officiers appartenant à d'autres nationalités, on comptait les entraîner au moment de l'exécution.
C'est l'impossibilité où l'on se trouvait de payer la solde des troupes autrefois attachées au roi Joseph et qui séjournèrent longtemps dans la Haute-Vienne, qui avait provoqué cette menace d'insurrection. En mai suivant, il leur était dû de 120 à 140.000 francs. (Archives départementales de la Haute-Vienne, M 1796).

Avec sa profonde connaissance du cœur humain, l'empereur ne se faisait pas illusion sur le parti qu'adopteraient la plupart de ses fonctionnaires dès qu'il serait tombé. L'attitude prise, au mois de décembre 1813, par le Corps législatif, eut suffi, d'ailleurs, pour l'édifier à cet égard. Il jugea que la plupart de ces hommes qu'il avait comblés de ses faveurs et de ses bienfaits lui resteraient fidèles jusqu'à sa chute inclusivement et que beaucoup n'attendraient même pas cette échéance. Reprenant alors une tradition du Consulat, qui lui-même s'était inspiré de la Convention, il institua, par décret du 28 décembre, des commissaires extraordinaires qu'il dépêcha dans les départements. Leur mission de surveillance était dissimulée sous cette formule : « Ils seront chargés non des détails de l'administration, mais de s'assurer que les résultats s'obtiennent » (1).

Le 2 avril, le préfet de la Haute-Vienne constate que, malgré les nouvelles alarmantes, le dévouement de ses administrés ne s'est pas ralenti ; toutes les réquisitions sont remplies avec une entière résignation. Pourtant, il croit s'apercevoir que le courage des citoyens se lasse : les impôts directs se paient avec plus de lenteur ; quelques propos commencent à circuler contre les taxes indirectes, quelques tentatives de résistance ont même déjà eu lieu (2).

Ce fut par son collègue Pougeard-Dulimbert, devenu préfet de l'Allier, que M. Texier-Olivier reçut, le 4 avril, le bulletin des armées qui n'avait pu paraître au *Moniteur* et qui annonçait l'occupation de la capitale par les troupes alliées. « Je remplis près de vous, mon cher collègue, une bien douloureuse mission. L'empereur et l'honneur nous restent, rien n'est désespéré », — écrit M. Pougeard-Dulimbert qui a la foi robuste (3).

(1) Circulaire du ministre de l'Intérieur aux préfets, 29 décembre 1813.

Un commissaire impérial extraordinaire était attribué à chaque division militaire.

La 21ᵉ division, dont le chef-lieu était à Bourges, comprenait les départements du Cher, de l'Indre, de l'Allier, de la Creuse, de la Nièvre et de la Haute-Vienne.

Le comte de Semonville, conseiller d'Etat, nommé le 28 décembre 1813, fut le premier commissaire extraordinaire pour la 21ᵉ division. La Restauration s'empara de cette création comme de bien d'autres et envoya, le 3 mai 1814, le comte Otto de Mosloy, conseiller d'Etat, comme commissaire royal. Il fut remplacé, durant les Cent-Jours, par le baron Marchand, également conseiller d'Etat.

(2) Rapport au ministre de l'Intérieur. (Archives départementales de la Haute-Vienne, M 1796.)

(3) Archives départementales de la Haute-Vienne, M 1796.

Le 11, à dix heures du soir, le *Bulletin des lois*, renfermant les actes du Sénat relatifs à la déchéance de Napoléon et à l'élévation au trône de France du comte de Provence, parvint à Limoges. Ces actes furent portés en pleine nuit à la connaissance de la population et publiés ensuite, le lendemain, au bruit des cloches et du canon. Quelques cris de « Vive le roi ! Vive Louis XVIII ! » se firent entendre. Dans la nuit du 13 et la journée du 14, le peuple, prenant prétexte de cette phrase que le comte d'Artois jetait aux populations accourues pour saluer son passage : « Vous n'aurez plus à craindre la guerre, la conscription, l'odieux impôt des droits réunis », renversa les enseignes de plusieurs bureaux de cette perception et se porta à des voies de fait sur les préposés. Les mêmes scènes avaient eu lieu, quelques jours auparavant, à Saint-Yrieix et à Saint-Junien (1).

Dans la journée du 14, après la publication solennelle des actes du gouvernement provisoire, on put voir flotter le drapeau blanc sur la préfecture. Le 18, en exécution d'ordres supérieurs, le préfet prenait un arrêté pour ordonner la destruction immédiate de tous chiffres, emblèmes et armoiries caractérisant le gouvernement de Bonaparte.

(1) Le 14 avril au matin, quelques marchands de vin entrent à Limoges sans faire de déclaration et sans payer les droits. On les fait rechercher : ils allèguent qu'on n'a rien exigé d'eux sur toute leur route, qu'ils étaient dans la persuasion qu'il en serait de même à Limoges et qu'ils ont vendu leur vin en conséquence. D'autres marchands arrivent : on veut exiger d'eux les droits habituels ; instruits de ce qui s'était passé, ils refusent. Le peuple s'en mêle, on crie *haro* sur les préposés ; la foule grossit, se porte chez le directeur et chez le receveur principal, brise les glaces, les meubles, enlève les registres et les brûle. Quand la cohorte urbaine arrive, il ne lui reste plus qu'à dissiper la foule.

Le lendemain 15, on peut craindre à tout instant une nouvelle insurrection. Les bouchers refusent formellement d'acquitter toute espèce de droits, soit d'octroi, soit de régie. Une proclamation que le préfet fait afficher est de suite lacérée. Le maire mande quatre notables de la corporation : aucun ne se présente. Une plainte est alors adressée au procureur général et l'effervescence paraît se calmer. Le 30 avril, le préfet constate qu'à la suite des violences exercées sur eux, les employés supérieurs des droits réunis, craignant pour leur vie et celle de leurs employés, ont suspendu toute perception. Le 2 mai, les bouchers tentent de forcer les portes de la prison pour en arracher deux des leurs arrêtés pour rébellion à l'autorité.

L'exemple de Bordeaux, Périgueux, Cahors et autres villes du Midi, avec lesquelles ils étaient en relations journalières de commerce, et où les impôts indirects étaient suspendus, avait provoqué la résistance des habitants de Limoges. (Archives départementales de la Haute-Vienne, M 1880).

Au lieu de suivre la mauvaise fortune de l'empereur, aussitôt celui-ci déchu, M. Texier-Olivier s'efforça de dégager sa cause de celle de son ancien souverain et... d'un pied agile, il pirouetta lestement. Dès le 11 avril, il avait envoyé son adhésion écrite aux actes du nouveau gouvernement; le 5 mai, il signera une adresse au roi et, deux jours après, quand sa coopération sera sollicitée par le commissaire royal comte Otto de Mosloy, il n'hésitera pas à lui répondre : « Je vous prie de croire que vous trouverez en moi zèle et activité pour toutes les mesures qu'il vous plaira d'ordonner et dévouement entier au service de Sa Majesté Louis XVIII » (1). Et il termine en lui offrant un logement à la préfecture. Ah! croyez qu'il lui en coûta et que seul l'intérêt supérieur du maintien de l'ordre public inspira sa détermination.

Cet empressement à se rattacher à un gouvernement élevé sur les ruines de celui qu'il avait si longtemps servi fut tenu pour versatilité et valut à M. Texier-Olivier plus d'une avanie. Des malveillants entreprirent de le déconsidérer : propos injurieux, pamphlets, chansons, tout fut mis en œuvre dans ce but. Des scènes scandaleuses se produisirent : il fut bafoué en plein théâtre et l'injure fut telle qu'il se vit contraint de se retirer sous les sarcasmes de toute la salle. Ils ont crié : « A bas les tyrans des provinces! A bas la queue du Corse ! » déclara-t il au ministre dans un rapport larmoyant. Après quoi, homme d'esprit, il prit le seul parti qui convenait à sa position : il se tut et s'abstint de sévir (2).

Dans sa séance du 4 mai, le conseil municipal de Limoges, resté en fonctions, comme d'ailleurs tous les corps administratifs et autres, vote une adresse au roi et nomme une députation chargée de la présenter au nom de la ville. Conduite par le maire, M. Nouallhier, chevalier de l'Empire, cette députation, qui partit le 7, était composée de MM. Talandier, avocat général et conseiller municipal; Guérin, aîné, conseiller de préfecture, et Mousnier-Buisson, bâtonnier de l'ordre des avocats, ces derniers anciens membres du même conseil.

A raison des incidents tumultueux relatés ci-dessus et dans lesquels le préfet était directement visé, le commissaire extraordi-

<hr>

(1) Archives départementales de la Haute-Vienne, M 1796.

(2) Le 18 mai, S. A. S. Mme la duchesse de Bourbon arrive incognito à Limoges; informé de son passage, le préfet se rend aussitôt à l'hôtel Périgord pour lui rendre ses hommages. Au moment où il traverse la foule groupée devant l'hôtel, il est encore accueilli par des cris et des lazzis, d'où une dispute entre les manifestants et les partisans du préfet. Celui-ci en est réduit à se plaindre au commissaire royal extraordinaire. (Archives de la Haute-Vienne, M 1796).

naire du roi, à son arrivée à Limoges le 2 juin, descendit à l'évêché et non à la préfecture. Le 6, le comte Otto lança une proclamation « aux Français de la 21ᵉ division militaire », pour leur annoncer la conclusion de la paix (1). Ce fut encore le préfet qui, accompagné du maréchal de camp Chauvel, commandant le département, et des autorités civiles et militaires à cheval, publia cette proclamation aux carrefours de la ville. Tant de loyalisme de sa part ne fut pas apprécié en haut lieu : le 10 juin, M. Texier-Olivier était remplacé par le comte de Brosses, qui fut installé le 3 juillet.

C'est ce dernier qui, le 3 août au soir, reçut le duc d'Angoulême venant de Bordeaux et se dirigeant sur Paris. Le prince fut accueilli fort courtoisement et avec tous les honneurs dus à son rang. Cependant, son passage avait été annoncé pour le 28 juillet; les préparatifs furent renouvelés, mais ce retard de quelques jours avait suffi pour « éteindre dans les âmes tièdes l'enthousiasme dont S. A. R. eut été frappée à son arrivée » (2). Serait il donc vrai que l'enthousiasme est un plat qui doit être servi chaud et qui ne vaut plus rien dès qu'on le laisse refroidir ?

Pourtant le prince avait fait une ample distribution de la décoration du Lis créée par le comte d'Artois. Sa générosité s'était étendue à tous les fonctionnaires même d'un ordre inférieur, aux officiers de la garde nationale, aux juges de paix, etc. Et l'on avait vu chacun accepter ou même solliciter cette distinction comme une sauvegarde pour sa position (3).

La réception du duc d'Angoulême donna lieu à des incidents qu'il convient de rappeler, parce qu'ils purent aliéner, dans une certaine mesure, les sympathies du prince (4) et, par suite, influer fâcheusement sur le résultat des démarches que la ville entreprit pour obtenir des Bourbons des lettres d'anoblissement.

A peine le duc était il arrivé à l'entrée de la ville et au moment où il était harangué par le maire, des cris répétés de : *A bas lou*

(1) Le placard de cette proclamation porte une en-tête aux armes royales et fut imprimé par L. Barbou, qui prit à cette occasion le titre de « ancien imprimeur du roi ».

(2) Archives départementales de la Haute-Vienne, M 30.

(3) Une longue liste de fonctionnaires fut dressée et approuvée par le comte de Damas, secrétaire des commandements du prince. Le préfet fut chargé, par la suite, de délivrer les autorisations. Elles étaient établies sur papier avec en-tête aux armes royales et libellées comme suit : *Son Altesse royale Monseigneur le duc d'Angoulême autorise M...... à porter la décoration du Lis. — Limoges, le...... 1814. — Le préfet de la Haute-Vienne.*

(4) On a la note de ce que coûtèrent les repas qui lui furent servis à la préfecture et la liste des vins qui figurèrent sur sa table.

rats ! retentirent à ses oreilles. Dans la crainte qu'ils fussent interprétés comme séditieux et peut-être traduits par : *A bas le roi !* le maire se hâta d'expliquer qu'il s'agissait d'une manifestation de quelques membres de la corporation des bouchers contre la perception des impôts indirects. Le prince, rassuré, daigna sourire. « Cette étincelle de sédition — est-il dit dans un rapport — a été facilement étouffée par le bon esprit du reste des habitants et n'a produit d'autre effet que de provoquer la surveillance de l'autorité publique sur quelques factieux obscurs qui se sont signalés eux-mêmes » (1).

Il me reste à enregistrer un fait de plus haute gravité. Dès que le passage du duc d'Angoulême eut été annoncé, les magistrats de la cour d'appel de Limoges décidèrent d'aller en corps lui présenter leurs hommages. Or, parmi les conseillers se trouvait M. Brival, ancien député de la Corrèze à la Convention, qui, dans le procès de Louis XVI, avait opiné pour la peine de mort. S'autorisant de ce que la nouvelle charte constitutionnelle, qui avait traduit en style légal les promesses réitérées du frère du dernier roi, interdisait la recherche des opinions et des votes émis jusqu'à la Restauration, il déclara vouloir se joindre à ses collègues. Ceux-ci s'émurent de son projet et le Premier Président, qui avait naguère tenté de l'amener à se démettre de sa charge, chercha à le dissuader tout au moins de paraître devant le prince. Ce fut en vain. On vit alors la cour, toutes chambres assemblées, faire comparaître M. Brival devant elle, lui représenter que l'oubli du passé ne pouvait autoriser un manquement aux convenances et finalement, après avoir entendu ses explications, lui intimer formellement l'ordre de s'abstenir.

L'ex-conventionnel se conforma-t-il à cette injonction, comme il semblait s'y être engagé devant l'avis unanime de ses collègues ? D'aucuns affirment qu'il passa outre et qu'il parut devant le duc d'Angoulême. Cette détermination aurait, dit-on, provoqué une scène d'une violence extrême. La voix du sang — ou peut-être seulement la raison d'Etat — aurait porté le prince à faire chasser le régicide de sa présence par des laquais. De cette scène, il n'est resté aucune trace dans la correspondance officielle relative à la visite du duc d'Angoulême, ce qui, à vrai dire, n'est pas un motif suffisant de la tenir pour invraisemblable. Car, alors, il resterait à rechercher pourquoi, treize jours plus tard (16 août), Brival était dépossédé de son siège.

Le 6 octobre, a lieu l'installation de la nouvelle municipalité de Limoges, nommée par le roi et à la tête de laquelle est placé le

(1) Archives départementales de la Haute-Vienne, M 433.

comte de Villelume, ainsi que la prestation de serment de plusieurs fonctionnaires de la préfecture. Cette double cérémonie, présidée par le préfet, a lieu dans la grande salle de l'hôtel de ville. Des discours sont prononcés et un orchestre d'amateurs fait entendre des airs de circonstance.

Le même conseil général qui, depuis si longtemps, ouvrait ses sessions par une prestation de serment à l'empereur, tient séance du 20 au 25 octobre. Dès le premier jour, il vote une adresse au roi : « Sire, le conseil général du département de la Haute-Vienne se félicite d'ouvrir sa session sous les heureux auspices d'un gouvernement paternel. La vie et les biens des Français ne seront plus le jouet d'un conquérant ambitieux... Le dernier terme a été posé et l'arbitraire a disparu. Sire, vous avez sauvé la France sur le penchant de sa ruine. Votre haute sagesse lui rendra son antique splendeur et toute sa prospérité... » Remplacez « gouvernement paternel » par « règne glorieux » et « antique splendeur » par « puissante protection de l'aigle », vous aurez le texte de l'une de ces adresses de félicitations, de correcte banalité, qui avaient exprimé périodiquement les sentiments d'une invariable fidélité à l'empereur. C'est toujours même esprit et même style.

Avait-il été question, au cours de la visite du duc d'Angoulême ou encore dans l'audience accordée par le roi à la délégation limousine, de l'espoir que nourrissait la municipalité d'obtenir du nouveau gouvernement le titre que la ville avait vainement sollicité de l'Empire ? Bien que cela soit vraisemblable, je ne saurais en fournir la preuve et les causes qui provoquèrent la lettre qu'on va lire me sont restées inconnues.

« Limoges, le 22 novembre 1814.

» *Le Sous-Préfet de l'arrondissement communal de Limoges,*
» *A Monsieur le Maire de Limoges.*

» Monsieur,

» Un décret du 3 messidor an 12 a désigné les villes dont les maires doivent, aux termes de l'article 57 du sénatus-consulte du 28 floréal précédent, assister au couronnement du souverain. Ces villes ont été, par ces mesures, classées au nombre des bonnes villes du royaume. Depuis, quelques autres ont obtenu la même faveur.

» S. E. le Ministre de l'Intérieur désire savoir si la ville de Limoges, qui n'a point été comprise au nombre des bonnes villes par le décret du 3 messidor an 12, l'aurait été par quelque décret postérieur ou si, à une époque antérieure à 1789, elle aurait joui des prérogatives attachées à cette qualité. Dans ce cas, veuillez, je vous prie, joindre à votre réponse une copie des actes ou titres qui auraient accordé cette faveur à la ville de Limoges.

» S. E. le Ministre de l'Intérieur désire être promptement fixé à cet égard.

» Agréez, Monsieur le Maire, l'assurance des sentiments d'attachement et de considération avec lesquels j'ai l'honneur d'être

» Votre très humble serviteur.

» *Signé :* Guérin aîné » (1).

La réponse de la municipalité ne se fit pas attendre. Elle consista dans la remise du mémoire suivant :

Réclamation de la ville de Limoges pour être comprise au nombre des Bonnes Villes du royaume.

» Avant 1790, la ville de Limoges ne jouissait point du titre et des privilèges des bonnes villes du royaume quoique, sous plusieurs rapports, cette faveur eût dû lui être accordée.

» Après les sénatus-consulte du 28 floréal et décret du 3 messidor an 12, elle forma une demande tendante à obtenir ce privilège, auquel elle ajoutera maintenant beaucoup plus de prix si elle le reçoit de la bienveillance et de la bonté du souverain légitime qui est aussi heureusement venu réparer les maux de la France et rétablir sa véritable gloire.

» Le 12 juillet 1810, le conseil général de la commune prit une délibération pour solliciter le titre précieux de bonne ville. Ce vœu fut porté au gouvernement d'alors qui parut disposé à l'accueillir suivant l'avis que donna au maire le ministre secrétaire d'État par sa lettre du 18 septembre 1811. La demande et les pièces à l'appuy doivent se trouver au ministère de l'Intérieur, où elles avaient été envoyées et déposées.

» Aujourd'huy, les droits et les titres de la ville sont les mêmes ; elle ne peut qu'y ajouter son amour, son dévouement à l'auguste famille des Bourbons et le bonheur inappréciable de tenir d'un monarque vénéré et adoré le titre glorieux qu'elle sollicite aujourd'huy avec bien plus d'empressement.

» Le Limousin ayant pour capitale Limoges, qui l'est aujourd'huy du département de la Haute-Vienne, était anciennement très considérable par sa population. Il fournit dix mille combattans contre César. Devenu province romaine, Limoges sa capitale fut embelli et agrandi par des édifices majestueux : temples, capitoles, palais,

(1) Archives municipales de Limoges, D (s. n.).

amphithéâtre, prétoire, grandes routes, aqueducs, tout fut employé pour annoncer la magnanimité de ses gouvernans et l'industrieuse activité de ses habitans.

» Les proconsuls romains y fixèrent leur séjour pendant 120 ans. A cette époque, saint Martial, apôtre d'Aquitaine, y apporta la foi chrétienne dont la pureté a été maintenue et constamment propagée.

» Limoges fut le centre de la correspondance et de la recette générale des Gaules. Cinq siècles de prospérité et de gloire ne la sauvèrent pas de l'irruption et de la fureur dévastatrice des Goths. Clovis le Grand la délivra de ce fléau.

» Quelques-uns des rois de la première race y firent un séjour momentané. Plusieurs de la seconde dynastie y habitèrent. Le fils de Charles-le Chauve fut couronné à Limoges roi d'Aquitaine. Parmi les rois de la troisième race, il y en eut qui l'honorèrent de leur présence.

» Le Limousin et Limoges érigés en vicomté tombèrent dans la maison de Blois jusqu'en 1600, qu'ils passèrent dans la maison d'Albret, ensuite sous la domination des Bourbons qui les réunirent à la Couronne.

» La population de Limoges était encore bien nombreuse sous le grand et l'immortel Henri, puisque à son entrée, la bourgeoisie mit sous les armes cinq mille hommes.

» Limoges fut toujours fidèle à ses rois; il a soutenu divers sièges pour eux et pour leur cause.

» Sa population était, en 1789, de vingt mille âmes au moins. Il était le centre d'une grande et vaste généralité dont on forma plusieurs départemens tels que la Creuse, la Corrèze, la Charente ; il y avait un diocèse très étendu, un présidial, bureau des finances, hôtel des monnaies.

» Placé au centre de la France, Limoges a toujours été l'entrepôt d'un grand commerce bonifié par l'industrie et le zèle de ses habitans. La probité, la solidité du commerce étaient si répandus et si connus qu'on la surnommait la *ville vierge*. On ne savait pas, à Limoges, ce que c'était qu'une banqueroute. Il y en a eu fort peu même dans les temps orageux de la révolution et du despotisme, encore ont-elles eu presque pour unique cause les malheurs inséparables des grands événements politiques.

» Population : environ vingt-deux mille âmes.

» Centre et entrepôt de presque tout le commerce territorial et manufacturier de la France, portant du Nord au Midi et du Nord au Midi le produit de l'industrie française par six grandes routes, dont trois de première classe et trois de deuxième.

» Son commerce est respecté et considéré ; il est généralement riche et aisé ; il fournit et alimente plus de trente départemente-mens qui viennent y aboutir pour leurs besoins et consommations.

» Limoges, chef-lieu du département de la Haute-Vienne, la seule ville importante et populeuse entre Paris et Toulouse ; chef-lieu d'une ci-devant sénatorerie ; un évêché, une cour royale ayant dans son ressort les trois départemens de la Haute-Vienne, Creuse et Corrèze ; un tribunal de première instance, de commerce, une bourse, une académie, un lycée, un hôtel des monnaies, en un mot Limoges réunit tous les établissemens dont jouissent les plus grandes villes.

» Longtemps comprimée par quelques agens de la Terreur et ensuite par ceux de la tyrannie, la ville de Limoges semblait prendre peu de part aux agitations politiques. Il y eut bien, peut-être, quelques exagérations dans les opinions privées et individuelles ; mais, du moins, elle peut s'honorer de n'avoir pas vu couler dans ses murs le sang : point d'échafauds, point de tribunaux révolutionnaires.

» A la première nouvelle des événemens du 31 mars, la cocarde blanche fut arborée avec élan et enthousiasme ; l'expression du sentiment public pour l'auguste famille des Bourbons ne fut point équivoque : Son Altesse royale Mgr le duc d'Angoulême en a reçu, quelques mois après, des témoignages universels auxquels il parut sensible.

» Par sa population, son site et son état actuels, la ville de Limoges croit avoir autant d'espoir au titre de bonne ville que plusieurs autres cités du royaume qui jouissent de cette faveur par des droits bien moins certains et notamment une moindre population. De ce nombre sont et par comparaison :

Bourges...	16.000 habitans
Dijon.......................	18.000 —
La Rochelle................	17.000 —
Nice.......................	18.000 —
Tours	20.000 —

populations inférieures à celle de Limoges.

Montauban.................	21.000 habitans
Grenoble	22.000 —

populations égales à celle de Limoges.

» La ville de Limoges ose donc se flatter que, dans la distribution de ses grâces, Sa Majesté daignera lui accorder le titre de bonne ville et la fera jouir des droits et privilèges qui y sont attachés.

» Le Maire de la ville de Limoges » (1).

(1) Archives municipales de Limoges, D (s. n.).

L'affaire en resta là ; mais, à partir de ce moment, le conseil municipal semble avoir voulu multiplier les témoignages de son attachement aux Bourbons. Le 13 janvier 1815, il rédige une adresse de dévouement au roi. Le 18, il vote une subvention de 300 fr. pour concourir à l'érection de la statue de Henri IV. Une autre occasion allait s'offrir, qui lui permettrait de manifester hautement ses sentiments pour la famille royale.

Le 2 mars, le duc et la duchesse d'Angoulême, qui avaient quitté Paris le 27 février, se dirigeant sur Bordeaux avec l'intention de se rendre ensuite en Bourgogne, passèrent à Limoges. Ils y avaient été précédés par le maréchal Mac-Donald, gouverneur de la 21ᵉ division militaire, qui les reçut à leur arrivée. Salves d'artillerie, sonnerie des cloches, arcs de verdure, harangues et ovations, groupes de jeunes filles offrant des fleurs, réception des autorités, illuminations, dîner à la préfecture, tout l'ordinaire attirail des pompes officielles fut déployé en cette circonstance (1). Le lendemain, à sept heures et demie, le prince, accompagné du duc de Tarente, passe, sur la place d'Orsay, une revue de la garde nationale et distribue des décorations. Après quoi il se rend, en compagnie de la duchesse d'Angoulême, à la cathédrale, où ils entendent la messe. Aussitôt après, ils reprennent le cours de leur voyage. De cette réception, il nous est resté une relation très détaillée qui se termine par ces mots : « Le bon ordre a constamment régné. La réunion des citoyens de toutes les classes ne présentait qu'une grande famille animée du même sentiment : amour et fidélité inviolable aux Bourbons. LL. AA. RR. ont paru très satisfaites de ces témoignages d'attachement » (2). Eh bien, j'ai des raisons de croire, malgré cette affirmation, que les habitants de Limoges demeurèrent très modérés dans leur enthousiasme et que le feu d'artifice populaire ne partit pas sans quelques ratés.

(1) Les bouchers furent cruellement punis de leur manifestation du 3 août précédent. A la lettre de leur syndic réclamant une place aux côtés du prince dans le cortège, le maire de Limoges répondit, le 1ᵉʳ mars :

« La réclamation que vous avez faite pour assister à la réception et à l'entrée de LL. AA. RR. Madame et Mgr le duc d'Angoulême n'a point été accueillie.

» Depuis la suppression des corporations, les bouchers ne peuvent prétendre ni exercer aucun privilège et ils ne peuvent être légalement reconnus ni comme corporation civile, ni comme corporation militaire ; conséquemment, ils ne doivent tenir aucun rang ni aucune place dans le cortège. » (Archives municipales. Correspondance du maire de Limoges.)

(2) Archives départementales de la Haute-Vienne, M 30.

Pendant ce temps, l'empereur débarquait au golfe Juan. Le 10, il est à Lyon et le 20 à Paris. De nouveau c'est alors sur toutes les routes et dans toutes les antichambres le plus plaisant chassé-croisé de gros personnages, de grands dignitaires et de hauts fonctionnaires, les uns quittant leurs charges, les autres rejoignant leurs postes, spectacle plein de contrastes prêtant à matière philosophique. Longtemps le commissaire royal comte de Mosloy employa pour sa correspondance officielle un superbe papier dont le filigrane, très apparent, présentait deux médaillons, l'un renfermant l'effigie laurée de l'empereur, saillante de son cadre, avec, en exergue, les mots : *Napoléon le Grand, empereur et roi ;* l'autre, l'aigle impériale avec la devise : *Dieu protège la France.* Et maintenant, par un juste retour des choses d'ici bas, voici que les équipages de la duchesse d'Angoulême, arrêtés sur la route de Bordeaux, sont conduits à Limoges. Douze chevaux de selle et deux de fourgon sont, par ordre du grand écuyer, dirigés sur Paris pour de là entrer aux écuries impériales.

Après avoir examiné l'aiguille de la boussole oscillant entre Louis XVIII et Napoléon et prévoyant que bientôt elle se fixerait définitivement vers le premier, le conseil général de la Haute-Vienne lui vota, le 13 mars, une adresse qui débutait ainsi : « L'usurpateur précaire du trône qui vous appartenait et que vous occupiez si dignement a pu, dans sa folle extravagance, tenter d'ébranler l'autorité dont vous êtes enfin ressaisi ; mais il n'a pas dû se flatter d'altérer notre amour et notre fidélité. » En même temps, le conseil se constitue en permanence et publie une proclamation aux habitants du département, dans laquelle on lit : « Des mesures promptes peuvent devenir nécessaires. Nous aurons le courage de les adopter et vous vous empresserez avec nous de les exécuter. Songez que lorsque le roi et la patrie réclament, la tiédeur serait un crime. »

Moins perspicace ou plus en accord avec la majorité de la population, le conseil municipal de Limoges vote, le 30 mars, une adresse à l'empereur sur son « heureux retour ». Voici le texte de ce document :

« Sire,

» Les habitants de Limoges ont vu de leurs montagnes le vol hardi, tranquille et majestueux de votre aigle. Leurs yeux suivaient sa direction et leurs cœurs éprouvaient, à chaque moment, les vives émotions de l'espérance pour la liberté et la crainte pour votre personne auguste et sacrée.

» Aujourd'hui que cet aigle plane sur la capitale de votre empire et couvre de ses ailes toutes les contrées de la patrie, rien n'égale leur joie et leur allégresse.

» L'avenir ne les effraye plus. Ils sont sûrs de ne point voir renaître ces privilèges et ces distinctions dont la suppression fut une des plus belles conquêtes de la nuit célèbre du 4 août 1789 et tous leurs sentiments se confondent dans le respect et l'amour qu'ils portent à Votre Majesté et à sa dynastie » (1).

(Suivent dix-sept signatures.)

Le baron de Vanssay, appelé le 22 mars à la préfecture de la Haute-Vienne, ne fut pas installé (2). Nous avons vu avec quelle extrême facilité, avec quelle prodigieuse aisance M. Texier-Olivier, baron de l'Empire, avait su, grâce à sa flexibilité de caractère, passer d'un régime à l'autre, quelque différents qu'en fussent les principes et les formes. On ne sera donc pas surpris de le voir, une fois de plus, changer de bannière. Car ce fut lui qui, de nouveau, vint occuper la préfecture de Limoges. Nommé le 15 avril, il prit possession de ses fonctions le 28 et adressa à ses administrés une proclamation qui dénote une remarquable sérénité d'âme. « C'est que, voyez-vous, disait-il, il est des événements que nul ne peut prévoir et prédire. » J'extrais de sa proclamation, qui fut placardée dans tout le département, le passage suivant :

« L'administrateur qui, pendant douze ans, s'efforça de mériter votre confiance, qui partagea vos sollicitudes aux jours malheureux de l'invasion de notre belle patrie, qui pressentit avec vous les funestes résultats du retour d'une famille inconnue à la génération, vient à la voix de l'empereur prendre en mains une seconde fois les rênes de l'administration de votre intéressante et peu fertile contrée. Il vient se livrer à la continuation de fonctions qu'il ose croire n'avoir pas été sans utilité même pour ceux qui peuvent avoir désiré son éloignement avec le plus d'ardeur... » (3).

Les populations de la Haute-Vienne, subitement ressaisies comme par un charme, avaient accueilli, sinon avec transport, du moins avec une sympathique admiration, le retour de l'empereur. Le 15 avril, le sous-préfet de Bellac constate que « le drapeau tricolore flotte sur tous les clochers; les proclamations et les décrets de S. M. l'empereur ont été reçus partout avec le même enthousiasme.

(1) Archives départementales de la Haute-Vienne, M 22.

(2) Le comte de Brosses, qui venait de quitter la préfecture de la Haute-Vienne, fut appelé, le 12 juillet 1815, à celle de la Loire-Inférieure.

(3) Archives départementales de la Haute-Vienne, M 22.

Partout le peuple a célébré le retour inespéré du père de la patrie par des fêtes spontanées où l'expansion d'une joie franche et pure et l'accord des sentiments ont rappelé les beaux jours de 1789 » (1).

Le mois de mai vit éclore un projet de fédération limousine auquel les événements n'accordèrent qu'un commencement d'exécution. L'adresse par laquelle s'ouvre le prospectus de cette association en fait connaître l'objet et l'article 1er des statuts en précise le but : « Les citoyens du département de la Haute-Vienne sont appelés à s'unir pour assurer la tranquillité publique, le respect dû aux personnes et aux propriétés, l'exécution des lois et le maintien des constitutions de l'empire » (2). Ce projet reçut l'approbation officielle du préfet Texier-Olivier et du maréchal de camp Chauvel, commandant le département ; il rallia de nombreuses adhésions.

Cependant, l'empereur avait définitivement perdu la partie que son orgueil démesuré avait engagée contre la destinée. La nouvelle du rétablissement de Louis XVIII sur le trône arriva à Limoges le 11 juillet seulement (3). Une adresse au roi au nom des habitants fut aussitôt colportée par les partisans de la monarchie.

Le 5 août, le duc d'Angoulême, en route pour Paris, traverse Limoges, où il ne s'arrête que le temps de prendre un repas. Dans la soirée, il atteint le relai de poste de Morterolles, à dix lieues de Limoges. Au moment où il arrive avec sa suite à l'entrée du bourg,

(1) Archives départementales de la Haute-Vienne, M 22.

(2) *Confédération limousine. Adresse à tous les français et particulièrement aux habitans de la province du Limousin.* Brochure in-8 de quatre pages. A *Limoges, chez J.-B. et H. Dalesme.*

(3) Une ordonnance royale du 7 juillet prescrivait aux fonctionnaires en charge sous la première Restauration de rejoindre leur poste sans attendre d'autres ordres. .

M. Texier-Olivier, tenant pour officielle la publication de cette ordonnance au *Moniteur*, quitta Limoges le 12, déléguant un conseiller de préfecture pour assurer le service. Il fut remplacé deux jours après par le baron de Flavigny, préfet de la Haute-Saône, qui fut installé le 24.

Le nouveau préfet, homme accomodant, était de ceux qui se distinguèrent par la variété de leurs opinions. Il mérita de figurer dans le *Dictionnaire des girouettes*, qui lui consacra la notice suivante :

« Flavigny (Alexandre de), officier d'artillerie sous Louis XVI et Louis XVIII (en émigration) ; maire de la ville de Lyon, 1806 ; sous-préfet de la ville de Soissons, avril 1803 ; chevalier de la Réunion ; baron d'Empire ; préfet de la Haute-Saône, 11 janvier 1811 ; ayant prêté serment entre les mains de S. M. l'empereur ; continué dans la même place en avril 1814, ayant prêté serment entre les mains de S. M. Louis XVIII ; chevalier de Saint-Louis ; nommé préfet du département de la Meuse (*Moniteur*, avril 1815) ; ayant reprêté serment à S. M. l'empereur. »

telle une fusée oubliée d'un vieux feu d'artifice, éclate, strident, le cri de : « Vive l'empereur ! » que l'écho, dit-on, répéta jusqu'à trois fois. Tout surpris d'entendre un cri qui sentait la poudre et qui, sans doute, leur fut autrefois familier, les chevaux s'arrêtent net, l'oreille tendue; le prince met la tête à la portière de sa berline et constate qu'au clocher de l'église flotte une loque qui jadis dut être un drapeau tricolore. Le maire aussitôt mandé reçoit une sévère admonestation et sa femme s'empresse d'offrir un mouchoir blanc qui est arboré au clocher (1). Il serait difficile de dépeindre l'émoi, la perturbation même que cet incident d'assez mince importance jeta dans le personnel gouvernemental. Depuis le préfet baron de Flavigny, le maréchal de camp marquis de la Rozière, commandant le département, jusqu'au sous-préfet, au capitaine et au commandant de gendarmerie, tous n'ont qu'une unique préoccupation : se persuader à eux-mêmes que le département n'a pas été « déshonoré aux yeux du prince » par ce cri séditieux et que ce « germe de rébellion » a bien été étouffé sinon « par l'enthousiasme général de tous les citoyens », du moins « par le bruit des voitures ». Un jeune homme de dix-huit ans, convaincu d'être l'un des auteurs de cet « acte criminel », fut arrêté et poursuivi. Quant au maire, qui était en même temps maître de poste, il fut immédiatement révoqué. Lui et ses deux fils, signalés comme des « ennemis dangereux du gouvernement », furent placés sous une étroite surveillance (2).

La duchesse d'Angoulême suivait son mari à deux journées d'intervalle. Quoiqu'elle eut recommandé de ne faire aucun préparatif, le préfet se rendit à cheval au devant d'elle et le corps municipal la reçut à l'entrée de la ville. Après un dîner à la préfecture, un groupe nombreux de jeunes filles fut admis à lui offrir des compliments et des fleurs. Pour prévenir, à son passage à Morterolles, le désagrément survenu à son époux, vingt-cinq gardes nationaux à cheval triés dans les compagnies de Limoges furent envoyés à son avance dans cette localité. Leur zèle intempestif faillit encore gâter les choses et occasionner des rixes.

La conservation des bustes et des portraits de Bonaparte, même dérobés aux regards et relégués dans des magasins était, aux yeux du nouveau gouvernement, un scandale intolérable et qu'il fallait faire cesser à tout prix. « Ces tristes monumens de l'adulation — écrit M. Decazes, ministre de la police — doivent disparaître complètement » (3). Et cette destruction s'étendra à tous les signes prohibés tels que drapeaux, cocardes, aigles, etc.

(1) Archives départementales de la Haute-Vienne, M 418.
(2) Archives départementales de la Haute-Vienne, M 118.
(3) Circulaire du 24 novembre 1815.

En exécution de ces ordres, le 23 décembre 1815, MM. Muret de
Bort et Georges Pouyat, adjoints au maire de Limoges, font porter
dans une salle de l'hôtel de ville : un drapeau tricolore surmonté
d'un aigle, un buste en marbre blanc, un aigle en bois doré formant le socle dudit buste, un tableau représentant la sacre de
Bonaparte, les écharpes municipales garnies de franges tricolores,
un sceau aux armes impériales. Ces objets sont brisés, déchirés ou
dénaturés en présence des deux officiers municipaux par un ouvrier
appelé à cet effet, puis leurs débris enfermés dans un sac sont
envoyés au préfet. Quant au bloc de marbre qui fut le buste de
Bonaparte, il reste déposé à la mairie à la disposition du chef de
l'administration (1). La municipalité de Saint-Yrieix livre également un buste en marbre blanc de l'ex-souverain et toutes les
autres communes envoient leurs sceaux.

Le drapeau tricolore, qui avait si soudainement reparu lors du
retour de l'empereur, fut tout spécialement proscrit et pour-
chassé (2). « On trouve encore dans quelques mairies — écrit le
ministre de l'Intérieur le 12 février 1816 — des drapeaux retirés
des édifices publics. L'existence de ces signes proscrits peut laisser
de l'espoir à la malveillance et lui offrir, dans leur conservation

(1) Archives départementales de la Haute-Vienne, M 416.
(2) Est-il besoin de rappeler que la substitution du drapeau royal au
drapeau national fut une faute énorme et qui devait exercer sur les destinées de la Restauration une influence funeste ? Innombrables furent les
incidents auxquels elle donna naissance. Tantôt c'est un outrage que subit
nuitamment le drapeau blanc ; tantôt c'est une large cocarde tricolore que
l'on aperçoit fixée au sommet inaccessible d'un arbre du bois de la Bastide.
Une autre fois, c'est un distillateur de Limoges qui met en vente une
crème de violette, ce qui est certes licite ; mais cette liqueur surfine est
enfermée dans un flacon dont l'étiquette présente un simple bouquet de
violettes lié d'un ruban rouge et se détachant sur le fond blanc d'un écusson en forme de bouclier. On a ainsi un ensemble aux trois couleurs,
c'est-à-dire séditieux au premier chef.

La police opère-t-elle une perquisition dans les distilleries ? On lui
montre une série d'étiquettes imprimées en noir et ornées de sujets ano-
dins ; mais on lui dissimule avec soin un autre jeu de ces étiquettes où les
mêmes sujets sont animés par une coloration tricolore qui fait ressortir
des allusions politiques. Jetez une gamme tricolore sur l'étiquette de la
Liqueur des braves préparée par Thévenin jeune ; sur celle de la *Liqueur
de Waterloo* ou celle du *Champ d'asile*, de Célérier ; sur celles de *La
Valeureuse, Le Nectar des guerriers* ou l'*Elixir des braves*, de Judet
aîné ; sur celle du *Mot d'ordre*, de Peyrusson fils ; ou encore sur celle de
la *Liqueur de l'ange gardien*, préparée par Voisin et Chadeuil, et vous
obtiendrez tout de suite l'effet voulu.

même, un moyen de corrompre l'esprit public. » C'est pourquoi le dimanche 5 mai, à l'issue d'un *Te Deum* chanté dans l'église cathédrale de Limoges en actions de grâces du retour du roi, l'assistance se rend sur la place Tourny, où sont brisés ou brûlés publiquement nombre d'objets rappelant le règne de « l'usurpateur » : « Un drapeau tricolore jadis placé sur le portail de la préfecture, un drapeau tricolore et quatre plumets provenant de la commune de Magnac-Bourg ; des drapeaux tricolores provenant de la commune de Châlus, de la garde nationale de Saint-Yrieix et de celle de Limoges ; une estampe représentant le couronnement de l'empereur, remise par la mairie de Limoges ; plusieurs cocardes tricolores ; des aigles brisés provenant des gardes nationales ; plusieurs plaques de ceinturons et coiffures avec aigle ; le buste en plâtre de Bonaparte provenant de la préfecture ; deux bustes en marbre du même, mutilés, provenant des mairies de Limoges et de Saint-Yrieix » (1).

Vif émoi dans la matinée du 3 février 1816, à la nouvelle que le drapeau blanc, qui décorait l'entrée du domicile de M. Athanase de la Bastide, commandant de la garde nationale de Limoges, avait été, pendant la nuit, teint en rouge. Les officiers du corps virent dans cet acte le fait, très injurieux en lui-même, d'avoir souillé l'étendard royal d'une couleur « qui fut trop longtemps l'emblème des factieux », mais encore l'intention de « suggérer que la garde nationale avait des vues sanguinaires ». Aussi promirent-ils une somme de mille francs à celui qui ferait découvrir le coupable. Cette offre fut portée à la connaissance du public par une proclamation indignée que le maire adressa à ses administrés et qui fut placardée dans la ville (2):

Lasse de la guerre, aspirant à la cessation de la longue tuerie, mais non au renversement du régime, la population limousine se montrait peu enthousiaste de la Restauration. Les commerçants eux-mêmes, qui avaient boudé l'Empire non en haine du système politique mais par esprit d'opposition, prétextant que la stagnation des affaires causait leur ruine, restaient fort hésitants. La vérité est que la très grande majorité se prononçait non pour l'Empire, mais contre la Royauté. Les démonstrations royalistes étaient presque exclusivement l'œuvre des fonctionnaires et des gens titrés. C'est un fait incontesté que la vieille monarchie était loin de devenir populaire. Ses fidèles de la veille avaient repris, avec leurs titres nobiliaires, l'esprit et le caractère des plus gothiques institutions.

(1) Archives départementales de la Haute-Vienne, M 433.
(2) Archives municipales de Limoges, D (s. u.).

Ils ne cachaient pas leur intention de reconstituer l'ancien état de choses même dans ses détails les plus surannés et, selon une parole autorisée « de renouer la chaîne des temps que de funestes écarts avaient rompue (1). » Leur manque de mesure blessa profondément les opinions libérales du plus grand nombre. Aussi l'antagonisme était-il partout entre la génération nouvelle et les apôtres de réaction et d'intolérance qui ranimaient les anciennes passions. Les campagnes étaient parcourues par des émissaires qui, sous l'étiquette patentée de colporteurs, répandaient des pamphlets contre la royauté. Ces moyens d'attaque empruntaient parfois les formes les plus inattendues. C'est ainsi qu'au mois de décembre 1815 on signalait l'émission et la distribution en Haute-Vienne de catéchismes, abécédaires et livres de piété desquels avait bien été supprimée la célèbre formule : « Les chrétiens doivent aux princes qui les gouvernent et nous devons en particulier à Napoléon Ier, notre empereur, l'amour, le respect, l'obéissance, la fidélité, le service militaire, les tributs ordonnés pour la conservation et la défense de l'empire et de son trône » ; mais, par contre, ces livres contenaient un septième commandement de l'Eglise ainsi conçu :

Hors le temps noces ne feras,
Et paye la dime justement.

On conçoit aisément quel fâcheux effet devait produire sur l'esprit public ce rappel à une obligation qui ramenait d'un quart de siècle en arrière. Aussi une chasse fut-elle immédiatement organisée en vue de la saisie des livres dénoncés. Elle aboutit à la décou-

(1) Ici c'est un ancien « imprimeur du roi » qui poursuit et obtient, au détriment d'un confrère, ce qu'il appelle ses « droits et privilèges ».

Ailleurs, c'est le seigneur d'une paroisse qui prétend à des honneurs féodaux. Le 1er novembre 1814, jour de Toussaint, le maire de Darnac (Haute-Vienne) assiste à la messe dans l'église paroissiale ; il est au banc de la municipalité. En face de lui, M. de Blond est venu occuper la place jadis réservée à sa famille. Le bedeau s'approche pour offrir, selon l'usage, du pain bénit au maire, quand M. de Blond se lève et crie à haute voix : « sacristain, apporte! » Le maire proteste et le bedeau interloqué s'arrête. Sur quoi M. de Blond quitte sa place et, saisissant les bâtons de deux villageois, frappe son banc à coups redoublés en appelant le sacristain qui épouvanté, s'avance avec sa corbeille.

On sait que ce scandale fut dénoncé à la Chambre des députés, qui n'osa voter autre chose que l'envoi au ministre de l'Intérieur du rapport du général Augier. La caricature et les journaux satiriques s'emparèrent du fait. Le public voulut bien ne pas voir en M. de Blond un neveu de Pourceaugnac, mais il fit à M. de la Jobardière un réel succès et son exclamation « sacristain, apporte! » devint rapidement populaire.

verte, dans une imprimerie de Limoges, d'un livret de 72 pages intitulé : *Méthode ingénieuse ou alphabet pour apprendre à lire en peu de temps.* L'éditeur tenta de faire écarter toute idée de malveillance en prétextant que l'article incriminé était tiré d'un ancien catéchisme de Montpellier qui avait servi de type pour la réimpression de plusieurs ouvrages similaires. Un arrêté préfectoral du 22 janvier 1816 prescrivit de faire biffer ou cartonner, en présence de commissaires, le malencontreux commandement et, par la même occasion, de s'assurer de la suppression, dans tous les livres religieux ou d'instruction, de toute prière ou tout devoir imposé pour Napoléon Bonaparte (1).

De nouveau, le 9 janvier, le duc d'Angoulême, revenant de Bordeaux, était passé à Limoges. Par ordre supérieur et pour raison d'économie, les salves, arcs de triomphe et feux d'artifice avaient été supprimés. Le prince fut donc simplement reçu par le préfet et les autorités admises individuellement à présenter leurs hommages.

Une ordonnance royale du 26 septembre 1814 avait autorisé les villes et communes françaises à reprendre les armoiries qui leur avaient été concédées par les rois de France, après toutefois les avoir fait vérifier par la commission du sceau. Des circulaires du ministre de l'Intérieur des 10 janvier 1815 et 1er avril 1816 déterminèrent la marche à suivre et les justifications à fournir. Dès le 15 février 1815, la municipalité de Limoges était invitée à faire connaître ses intentions à cet égard. Il ne faut certainement attribuer qu'aux graves événements qui survinrent le silence de l'administration communale. A une nouvelle lettre ministérielle du 13 avril 1816, le conseil municipal répondit par la délibération suivante en date du 14 mai :

« M. le Maire s'exprime en ces termes :

» Le Roi a, par son ordonnance du 26 septembre 1814, décidé que les villes du royaume reprendraient les anciennes armoiries qui leur ont été attribuées par les rois de France. Sa Majesté se plaît à rappeler les anciens souvenirs parce qu'ils retracent les bienfaits des rois dont elle descend.

» Notre antique cité, je n'en doute pas, saisira avec empressement l'occasion qui lui est offerte de reprendre des armes qu'elle montrera avec orgueil aux autres villes comme la triple preuve de son ancienneté et de son attachement à son souverain et à la reli-

---

(1) Archives départementales de la Haute-Vienne, M 1712.

gion. Elle y verra les fleurs de lys avec l'effigie d'un saint qu'elle vénère plus particulièrement et sous le patronage duquel elle s'est placée. Saint-Martial et le roi furent toujours aimés par nos bons limousins.

» Pour délivrer l'autorisation de reprendre nos anciennes armes, le ministre exige, outre le procès-verbal de votre délibération à ce sujet, la copie certifiée de la charte de concession primitive. Nous ne pouvons nous flatter de pouvoir retrouver ce titre. La rouille du tems ou les bûchers de la Révolution l'auront sans doute anéanti. Mais nous pensons que l'empreinte de ces armes existant sur les monumens les plus anciens justifiera suffisamment aux yeux de S. E. notre possession et notre droit.

» Le Conseil arrête ce qui suit :

» Article 1er. — M. le Maire de la commune est autorisé et même invité à faire auprès du gouvernement toutes les demandes et démarches nécessaires pour obtenir en faveur de la ville de Limoges les anciennes armoiries de cette ville.

» Art. 2. — Les dépenses et avances qui seront nécessaires pour cet objet seront proposées pour le budget de 1817. »

A ce noble emblème que la plupart des villles vont relever, il faut une couronne héraldique. Or, selon le conseil de Fouché, les Bourbons se sont couchés dans le lit de Bonaparte. Ils s'emparent de sa création et, à partir du mois d'avril 1816, ils confèrent à certaines localités le titre de « Bonne ville ». Verra-t-on cette fois cet éclat extérieur attribué au prestige héroïque? Quelles préoccupations guideront maintenant le gouvernement dans ses choix? Que les cités bourguignonnes qui, en 1814, avaient résisté à l'envahisseur, arrêté sa marche et par là retardé l'agonie de la patrie expirante, en fussent récompensées, rien de plus équitable. Mais que Toulon qui, en 1793, s'était livré aux Anglais voie exalter sa trahison, il y avait là de quoi blesser profondément le sentiment national. On sent de suite que le gouvernement royal obéit avant tout à l'intérêt dynastique. En sorte que l'arbitraire est plus flagrant que jamais et aussi plus insupportable.

Au commencement de 1816, les villes françaises en possession du titre envié sont au nombre de vingt-neuf. Il y en aura quarante en 1821. Une ordonnance royale du 8 avril 1816 ajoute, en premier lieu, la ville de Cette : « Voulant récompenser la ville et port de Cette, département de l'Hérault... de la fidélité et du dévouement qu'ils ont montrés à l'époque de l'usurpation et dans les temps postérieurs en servant de points d'appui à l'armée royale du Midi, en sauvant des valeurs considérables en effets d'artillerie et autres et surtout en contribuant aussi, par le prompt embarquement de notre cher neveu, le duc d'Angoulême, à le soustraire aux coups de l'usupateur...

» Nous avons ordonné et ordonnons ce qui suit :

» Article 1er. — La ville de Cette est mise au rang de nos bonnes villes du royaume.

» Art. 2. — Nous avons accordé et accordons à la dite ville des armoiries portant d'azur semé de fleurs de lys d'or, à la baleine de sable lançant un jet d'obus et de grenades flambantes, surmontées d'une couronne murale (1) avec deux ancres en sautoir pour supports... »

Le 16 octobre suivant, c'était le tour d'Aix : « Voulant donner aux habitants de la ville d'Aix un témoignagne de la satisfaction

(1) Le caractère héraldique de la couronne murale a été plus d'une fois contesté. Dans la *Revue de Saintonge et d'Aunis* (1897, p. 176 et 261-62) MM. Louis Audiat et Marcel Pellisson blâment l'emploi fait de nos jours et qu'ils qualifient de contre-sens, de la couronne murale pour timbrer les armoiries des villes. « Combien de fois, dit M. Audiat, faudra-t-il répéter que jamais on n'a timbré les armes d'une ville d'une couronne murale ou vallaire ? La couronne murale est une invention de l'Empire et Napoléon Ier l'avait imaginée pour remplacer le chef de France des bonnes villes. » Déjà, dans une étude sur *La couronne murale dans le blason* publiée dans l'*Annuaire du conseil héraldique de France de 1896*, M. Audiat avait exprimé l'avis qu'elle devait être proscrite.

Qu'elle n'ait point été, sous l'ancien régime, un accessoire du blason, nul ne le conteste puisqu'il s'agit d'une création de Napoléon Ier. Que cette invention moderne accolée à d'antiques écus constitue un anachronisme, cela est de toute évidence ; mais le contre-sens cesse si cette même couronne accompagne des armoiries octroyées par l'empereur, à moins que l'on ne conteste à ce souverain le droit de concéder des titres et des blasons. Au surplus, s'il y a contre-sens, on voit par l'exemple de Cette, rappelé ci-dessus, que le gouvernement de la Restauration ne s'en préoccupa guère. Il est vrai qu'il s'appropria plus d'une formule, à commencer par celle qui termine les actes royaux : *Car tel est notre bon plaisir*.

Appliquée, aux xviie et xviiie siècles surtout, à la personnification des villes, la couronne murale placée au-dessus d'un écusson signifie aujourd'hui que cet écusson est celui d'une commune. Il n'est si petite localité, en possession d'armoiries authentiques ou fantaisistes, qui ne se la soit appropriée. La vérité est qu'un nouvel usage s'est établi : la couronne murale, vulgarisée, est, pour le blason, un motif ornemental en harmonie avec le caractère de celui-ci, rien de plus.

Il n'en est pas moins curieux de voir, de nos jours, le gouvernement de la République ressusciter cet emblème : le décret réglementant les armoiries de la ville de Dijon, à laquelle l'étoile de la Légion d'honneur a été attribuée par autre décret du 18 mai 1899, porte en son article premier que l'écu sera surmonté *d'une couronne murale d'or à sept créneaux*.

qu'ils nous ont fait éprouver par leur zèle et par les sentiments dont ils sont animés pour notre personne... avons ordonné... La ville d'Aix est élevée au rang des bonnes villes de notre royaume. »

Le 18 décembre, même faveur concédée à Pau : « Voulant que cette ville, autrefois la capitale du royaume de Navarre et qui fut le berceau d'un de nos illustres aïeux, reçoive un dédommagement des avantages qu'elle a possédés si longtemps... La ville de Pau est élevée au rang des bonnes villes de notre royaume. »

Le 8 octobre 1817 et pour les mêmes considérations qui avaient valu à Aix le titre de Bonne Ville, Toulon le reçoit à son tour.

Le 29 juin 1819, la ville de Colmar est élevée à ce rang « en récompense des charges qu'elle a supportées avec autant de zèle que de résignation pendant l'occupation militaire ».

Enfin le 21 mars 1821, Abbeville est promu « pour reconnaître les marques d'attachement et de fidélité de ses habitants à l'époque où Louis XVIII a séjourné dans ses murs (1) ».

Comme s'il ne suffisait pas de distinguer, d'élever certaines villes au-dessus des autres, voici qu'une hiérarchie de ces mêmes villes fut jugée nécessaire. Une ordonnance du 23 avril 1821 détermina l'ordre suivant lequel les Bonnes Villes du royaume prendraient rang, c'est-à-dire attribua à chacune d'elles un rang particulier.

Quels motifs avaient porté, le 6 décembre 1816, le préfet Barrin à écrire au maire de Limoges la lettre suivante, qui ne pouvait que ranimer une ancienne mais toujours vive ambition ?

« Monsieur le Maire,

» Je suis informé que la municipalité de Limoges a fait à différentes époques des démarches pour obtenir, en faveur de cette commune, le titre de *bonne ville*; il me paraît intéressant d'insister sur cet objet. Je vous invite donc à vous faire représenter les mémoires qui ont été rédigés par vos prédécesseurs, surtout depuis la Restauration, afin d'obtenir le titre de bonne ville. Les minutes de ces mémoires et la correspondance relative doivent, d'après ce qui m'a été dit, exister dans les bureaux de la mairie. Je suis très disposé, Monsieur, à appuyer fortement auprès du gouvernement les nouvelles démarches que vous ferez à cet égard et que réclame le vœu manifesté par les principaux habitans.

» Recevez, Monsieur le Maire, l'assurance de ma considération distinguée.

» *Le préfet de la Haute-Vienne, officier de la Légion d'honneur,*

Signé : « BARRIN » (2).

(1) Ces diverses ordonnances sont insérées au *Bulletin des lois.*
(2) Archives départementales de la Haute-Vienne, 2 I 58.

Les circonstances déterminantes de cette démarche ne me sont pas connues, non plus que le texte de la supplique qu'elle provoqua. On verra par la lettre ci-après que ce fut M. Alpinien Bourdeau, ancien maire de Limoges, procureur général à Rennes et député de la Haute-Vienne, qui fut chargé de présenter la nouvelle requête.

Limoges, le 1er février 1817.

« Monsieur,

» La ville de Limoges renouvelle aujourd'hui des démarches qu'elle a faites déjà plusieurs fois et notamment sous votre administration pour obtenir du roi le titre de Bonne Ville. J'ai l'honneur de vous envoyer la pétition qu'elle présente à Sa Majesté pour cet objet. Elle ne désespère pas de réussir si vous voulez bien vous donner la peine de présenter vous-même cette pétition et de la recommander à la bienveillance du Roi. Elle attend ce service éminent du zèle que vous avez toujours montré pour tout ce qui l'intéresse : je vous en prie en son nom.

» Veuillez agréer l'hommage de mon respectueux dévouement.

» *Le maire de Limoges,*

» *Signé :* ATH. DE LA BASTIDE » (1).

Quelle que fut déjà la notoriété du futur ministre de la justice de Charles X, l'influence dont il disposait alors ne pouvait être mise en parallèle avec celle dont jouissait un gentilhomme limousin rentré de l'émigration avec les princes et admis dans l'intimité du roi. Je veux parler du comte Jean-François d'Escars, lieutenant général des armées, qui venait de reprendre sa charge de premier maître d'hôtel de S. M. Désigné pour présider le collège électoral du département de la Haute-Vienne, il apprit, le jour même où s'ouvraient les opérations pour la nomination des députés (23 juin 1815) que le roi venait de lui conférer le titre de duc. Les brefs discours qu'il prononça à l'ouverture et à la clôture de l'assemblée sont des plus élogieux pour ses concitoyens et il est bien permis de croire que l'on n'eut pas en vain fait appel à son concours pour la réussite d'une mission qui exigeait plutôt l'influence d'un favori que l'habileté d'un homme politique. On s'explique donc difficilement que la municipalité de Limoges, quand elle se décida, sur le conseil du préfet, à réitérer ses demandes, ait négligé l'appui de ce personnage si qualifié pour un tel rôle ou lui ait préféré M. Bourdeau.

Maire de Limoges après la période des Cent Jours, M. Bourdeau avait été appelé à fournir un rapport sur la situation politique de

(1) Archives municipales de Limoges, D (s. n.).

celle ville. Veut-on savoir quelle conception il se faisait des idées de l'époque et quelles incroyables illusions il nourrissait et entretenait dans l'esprit du gouvernement? Voici ce qu'il écrivait le 1er août 1815 :

« L'esprit public à Limoges est généralement bon; il s'est trop hautement prononcé depuis la Restauration pour qu'il soit possible de le calomnier. Quelques efforts qu'on ait faits pendant trois mois pour le dénaturer, on n'est parvenu qu'à abuser et égarer la dernière classe du peuple, toujours avide de nouveautés, par l'espoir du remuement des fortunes et du pillage.....

» La ville de Limoges, par sa position centrale, ses routes, ses débouchés, est naturellement commerçante et industrieuse. La haute classe du commerce est considérée par sa fortune et sa probité. Ses relations sont honorables et sûres; elle tient pour ainsi dire le premier rang. Dans les classes secondaires, il y a généralement aussi probité, honnêteté et activité laborieuse.

» La magistrature et le barreau surtout ont particulièrement contribué à la bonification de l'esprit public; il ne m'appartient pas de louer les avocats que l'on désignait, dans les derniers temps, à la haine populaire sous les noms de chouans et de vendéens.

» Le peuple est actif, laborieux, industrieux et assez généralement aisé : celui-là pense bien.

» La noblesse, par ses sentiments, rivalise avec toutes les classes supérieures, mais elle est peu nombreuse : à peine compte-t-on sept à huit familles anciennes, toutes les autres sont anoblies par les charges et sorties de la magistrature, du commerce ou de la bourgeoisie. La noblesse a eu presque toujours le bon esprit de se confondre dans les rangs plébéiens. Les sociétés, les réunions, les plaisirs, les fêtes, ne laissent apercevoir aucune distinction.

» En rapprochant ces aperçus généraux, vous sentirez, Monsieur le Préfet, combien cette harmonie locale des classes diverses a dû influer sur la direction de l'esprit public, surtout si vous remarquez que, d'une classe à l'autre, il existe ces liaisons de parenté, de commerce ou d'affaires qui les rapprochent assez pour qu'elles se communiquent leurs pensées et leurs affections.

» Ce serait cependant une erreur de croire qu'il y ait unanimité d'opinions politiques : le tableau serait trop flatté et trop flatteur si je vous le présentais sous ce point de vue.

» Dans toutes les classes de la société, il y a eu et il existe encore des opinions diverses; mais celle qui domine indubitablement, et je peux l'assurer, à une forte majorité, est déclarée pour la royauté, pour le Roi et les Bourbons, moins par esprit de parti que par un calcul bien raisonné reposant sur le principe de la légilimité qui peut seul ramener la paix, relever le crédit, la confiance et le commerce, assurer la vraie et sage liberté et conserver l'indépendance nationale. Ceux que j'appellerai bonapartistes sincères et de bonne foi sont en bien petit nombre. Abusés par un prestige de gloire nationale, ils ont pu, et je crois qu'ils ont erré moins par une inclination que par un système irréfléchi de domination et de prépondérance attachée à la grande réputation militaire de leur chef. Les événements ont dissipé leurs chimères; il ne sera pas difficile de les rallier au gouvernement royal. Parmi eux on doit compter plusieurs anciens militaires.

» Dans les fonctions publiques, quelques-uns ont cru devoir rester attachés à la cause de l'usurpateur, parce que, sous un gouvernement sage et légitime, ils auraient difficilement été employés. Ceux là se rattacheraient encore facilement s'ils étaient maintenus dans leurs places.

» Sous la même bannière ont marché beaucoup d'anciens révolutionnaires, jacobins, républicains, caressant toujours avec complaisance leur vieille chimère; incorrigés et incorrigibles par caractère, remuans par inquiétude, agitateurs par habitude, turbulens par goût et par espoir d'honneur et de fortune.

» Ils ne voulaient pas plus Bonaparte que Louis XVIII. C'est par eux que la populace a été ameutée, excitée et entraînée dans un débordement qui eût submergé la patrie, si les bons citoyens de toutes opinions n'eussent fait tête à l'orage.

» Les premiers fédérés sont sortis de leurs rangs, bientôt grossis par l'épouvante, la terreur, la menace et la séduction. Ils recrutèrent dans tous les partis et, par une tactique monstrueuse, associèrent des royalistes, des bonapartistes honnêtes avec des hommes de la plus vile classe, diffamés dans l'opinion et quelques-uns par des condamnations judiciaires.

. . . .

» Quelque nombreuses qu'aient pu être ces listes fédératives, en y joignant même les déserteurs honnêtes de tous les partis, on ne parviendrait pas à balancer l'opinion générale et dominante à Limoges, qui s'est constamment maintenue dans une attitude assez respectable pour en imposer aux factions et rétablir sous la domination royale une ville heureusement échappée aux troubles civils, sauvée même d'excès et de désordres réels..... » (1)

Comme on le voit, M. Bourdeau — un libéral cependant — avait dans l'avenir de la légitimité une confiance très grande. Parce que

(1) Archives départementales de la Haute-Vienne, M 1877.

l'ordre matériel n'était pas sérieusement troublé, le trône lui paraissait pour longtemps consolidé. Était-il donc dupe de ce calme menteur et sa créance en cette tranquillité relative, qu'il cherchait à faire partager, doit-elle être attribuée à une ignorance profonde de l'état de l'opinion ? Ne faut-il pas plutôt y voir l'attitude calculée d'un courtisan du pouvoir ?

Écoutons maintenant un autre son. C'est M. Athanase de la Bastide, maire de Limoges, qui écrit, le 18 février 1817 :

« La masse des habitants devient de plus en plus indifférente sur les affaires du Gouvernement.

» L'exaltation des partis s'éteint d'une manière sensible. Il est cependant une classe de personnes qui paraît plus obstinée dans son esprit d'opposition : ce sont les soldats et officiers retraités. Presque tous les anciens soldats portent le chapeau à la française et aucun d'eux n'a la cocarde blanche. Ceux qui sont légionnaires évitent de mettre un ruban rouge et blanc et je sais que plusieurs de ces derniers, invités à adresser à la chancellerie toutes les pièces pour obtenir de nouveaux brevets, ont gardé ceux qu'ils tenaient de l'usurpateur, soit par esprit d'attachement à la faveur qu'ils ont reçue, soit dans l'espérance de voir revenir son gouvernement. »

Une dernière citation, car il n'est pas sans intérêt de connaître les exagérations d'un zèle qui ne savait faire la part ni des circonstances ni des nécessités et entendait ne tenir aucun compte des faits accomplis depuis trente ans. Dans un rapport du 1ᵉʳ avril 1819, M. de la Bastide s'exprime comme suit :

« Toute la partie pensante et morale de la population de cette ville s'est montrée royaliste pendant les Cent Jours. J'en atteste la consternation générale qui régnait pendant qu'on proclamait le retour de l'usurpateur ou ses triomphes éphémères, les loges du spectacle désertes pendant qu'un parterre insensé chantait les refrains de la liberté en invoquant le nom du despote, enfin l'allégresse qui éclata aussitôt qu'on revit le drapeau sans tâche.

» Depuis, le Gouvernement a fait beaucoup d'efforts pour attiédir un enthousiasme dont les excès n'étaient pas dangereux à Limoges; chacun des actes qui a eu un but semblable a augmenté l'audace des ennemis de la légitimité et refroidi le zèle de ses partisans.

» Aujourd'hui, les uns et les autres paraissent aimer également le roi. Mais il y a entre eux cette différence que ceux-ci le défendraient encore si le danger existait et que les premiers n'applaudissent qu'aux actes qui peuvent précipiter sa chute. Les craintes les plus chimériques leur servent de prétexte pour critiquer amèrement toutes les mesures qui tendent à consolider les institutions monarchiques.

» Bonapartistes et républicains, réunis sous le nom moins odieux de libéraux, sont ce qu'ils ont été en 93 et dans l'interrègne : les ennemis d'une dynastie protectrice de la morale et de la religion. La bienfaisance du roi n'en a pas ramené un seul. Les faveurs qu'il accorde à ceux qui se prétendent les victimes de ce qu'ils appellent *la réaction de 1815* sont considérées comme les effets de la faiblesse et de la peur.

» Le mauvais esprit d'une partie des habitans se manifeste par les propos qui se tiennent dans les lieux publics et par les allusions que saisit le parterre » (1).

Il nous faut maintenant arriver à l'année 1820 pour voir, sous l'administration du baron Ath. de la Bastide, la municipalité de Limoges reprendre ses démarches et développer de la façon la plus heureuse, dans la requête qu'on va lire, les titres de l'ancienne capitale du Limousin :

« *Au Roi.*

» Sire,

» La ville de Limoges vient aux pieds de Votre Majesté solliciter l'honneur d'être élevée au rang des bonnes villes du royaume. Permettez, Sire, à ses magistrats municipaux de vous exposer ici les titres qu'elle peut avoir à cette précieuse faveur, dont la privation lui devient plus sensible à l'approche du baptême de notre Dieudonné.

» Sire, la cité qui fut l'apanage de Jeanne d'Albret éprouve et doit éprouver, plus que toute autre, le besoin d'être représentée auprès du berceau d'Henry V.

» Limoges était une des villes les plus considérables de l'ancienne Gaule: elle fournit dix mille combattants pour s'opposer à l'invasion des Romains. Soumise ensuite par les armes de César et devenue la conquête des maîtres du monde, elle fut, pendant plus d'un siècle, le séjour de leurs proconsuls. Les établissements qu'ils y formèrent, les monuments où ils posèrent l'empreinte de leur grandeur et de leur magnificence la firent surnommer la *seconde Rome.*

» Assujettie depuis et pendant huit siècles à toutes les vicissitudes de la fortune, elle fut tour à tour saccagée par les hordes barbares que le nord de l'Europe vomissait sur nos contrées,

(1) Archives départementales de la Haute-Vienne, M 1877.

reconquise et sauvée par les rois de France. L'industrieuse activité de ses habitants et l'avantage de sa position géographique avaient bientôt réparé les maux de la guerre; elle fut toujours vaste, riche et populeuse.

» Plusieurs monarques de la première, de la seconde et de la troisième race l'honorèrent de leur présence. Quelques-uns même ne dédaignèrent pas d'y faire un séjour assez prolongé. Elle soutint plusieurs sièges pour leur cause.

» Elle eut aussi son *douze mars* et, la première dans toute l'Aquitaine, elle secoua le joug des Anglais pour se ranger sous le sceptre légitime de Charles V.

» Ce noble effort, en faveur de la légitimité, fut récompensé par des privilèges et des distinctions honorables confirmés dans les règnes suivants. Trois fleurs de lys décorèrent son écusson qui, déjà, portait l'effigie du premier apôtre d'Aquitaine. Ainsi, ses armes présentaient en même temps les emblèmes des deux objets les plus dignes de la vénération des hommes : la Religion et la Royauté.

» Transmise par la Maison de Blois à celle d'Albret et par cette dernière à la Maison de Bourbon, elle fut réunie à la Couronne au commencement du 17ᵉ siècle. Elle eut le bonheur de recevoir deux fois dans ses murs le bon, le grand, l'immortel Henry IV. Nos archives conservent précieusement le souvenir des cérémonies qui furent observées pour sa réception. On y voit que la bourgeoisie fournit une garde d'honneur de cinq mille hommes armés et équipés à leurs frais, ce qui supposait dès lors une population et une richesse que peu de villes pourraient offrir dans ce moment.

» Dans les années qui ont précédé la Révolution, Limoges renfermait tous les établissements que le Gouvernement réunissait dans les villes les plus importantes. Son évêché comptait plus de 900 paroisses. Son intendance comprenait le haut et le bas Limousin, l'Angoumois et une partie de la Marche. Bureau des finances, sénéchaussée, présidial, élection, hôtel et juridiction des monnaies, collège royal, etc., tout concourait à entretenir et à augmenter l'éclat et la prospérité d'une ville qui servait d'entrepôt général à tout le commerce de l'intérieur. Le Gouvernement regardait alors Limoges comme une des vingt-cinq principales villes de France et ce fut à ce titre que son premier magistrat eut l'honneur de siéger dans les deux assemblées de notables qui furent convoquées avant les États-Généraux.

» Presque toutes les villes qui reçurent alors cette distinction ont été décorées depuis du titre de *bonne ville*. La ville de Limoges serait-elle seule l'objet d'une exception humiliante ?

» Sire, nous sollicitons aujourd'huy pour cette ville le titre honorable que plusieurs autres, beaucoup moins importantes, ont déjà obtenu de votre munificence royale. Nous le sollicitons auprès de notre souverain légitime duquel il nous sera plus glorieux de l'obtenir; nous le sollicitons pour jouir de la plus belle des prérogatives qui y soient attachées, pour qu'un député pris parmi nous soit admis à l'auguste cérémonie qui se prépare, et porte l'expression de notre amour au royal enfant dont la naissance nous a fait répandre de douces larmes.

» Nous invoquons pour obtenir cette faveur l'avantage d'une population toujours croissante et déjà bien supérieure à celle de Dijon, Colmar, Tours, La Rochelle et Bourges; un commerce actif et favorisé par toutes les routes dont notre ville est le point de réunion; une industrie dont les produits de différents genres ont été avantageusement jugés à la dernière exposition nationale; enfin des établissements qui supposent ou qui donnent une grande importance aux cités qui les possèdent, tels qu'une cour royale, une préfecture, une académie, un collège royal, un hôtel des monnaies, une maison centrale de détention, de superbes casernes de cavalerie, un chantier de construction pour l'artillerie.

» Sire, au-dessus de tous ces titres, il en est un dont nous nous prévalons avec un plus juste orgueil : c'est notre amour inaltérable pour votre personne sacrée et pour votre auguste famille, sentiment noble et pur dont LL. AA. RR. Monseigneur le duc d'Angoulême et Madame ont plus d'une fois recueilli le témoignage et qui respire toujours dans le choix des hommes que notre département envoie à la chambre des députés.

» Daignez, Sire, recevoir avec avec bonté notre humble supplique, avec l'hommage de notre amour et de notre vénération.

» Nous sommes, avec le plus profond respect, Sire, de Votre Majesté, les très humbles, très obéissants et très fidèles sujets.

> » *Les maire, adjoints et membres du conseil municipal*
> *de la ville de Limoges.* » (1)

En même temps que cette supplique était remise au roi, la notice suivante était adressée au ministre de l'Intérieur :

> » *Notice succinte sur le rang qu'occupait avant la Révolution et*
> *qu'occupe encore actuellement la ville de Limoges parmi les*
> *villes de France.*

» L'ancienneté de la ville de Limoges, dont plusieurs monumens historiques attestent l'existence avant que les Romains pénétras-

____

(1) Archives municipales de Limoges, D (s. n.).

sent dans les Gaules (1), sa position géographique qui en fait le point central des provinces circonvoisines, sa population qui a toujours été reconnue excéder vingt mille âmes, les établissemens principaux dont elle a été constamment le siège, la nature de son commerce qui s'étend du nord au midi et de l'orient à l'occident de la France, en avaient, depuis longtems, fait une des villes les plus importantes du royaume.

» Capitale de la province du haut et bas Limousin qui formait un grand gouvernement dont était revêtu M. le duc de Fitz-James, auteur du duc pair de France actuel du même nom, elle possédait, en outre, un évêché dont le diocèse comptait plus de neuf cents paroisses, une intendance qui comprenait non-seulement le haut et le bas Limousin mais encore une partie de la Marche et tout l'Angoumois, un bureau des finances des Trésoriers de France dont le ressort renfermait la même circonscription, une sénéchaussée et un siège présidial considérables, un tribunal d'élection, un hôtel et juridiction des monnaies et un collège royal de plein exercice. Il ne lui manquait enfin qu'une cour souveraine pour devoir être placée sur la même ligne que les villes de France les plus riches en grands établissemens.

» Si Limoges en a perdu quelques-uns qui sont devenus incompatibles avec le nouvel état de choses, tels que son intendance et son bureau des finances, ces pertes se trouvent aujourd'hui avantageusement compensées par les nouveaux dont elle a été dotée, par sa préfecture, par sa cour royale, son académie, sa maison centrale de détention dans laquelle six ou sept départemens versent leurs condamnés, par sa maison de force — également centrale — pour les aliénés, par ses belles casernes de cavalerie en pleine construction et son futur dépôt d'artillerie dont l'emplacement est déjà acquis pour cette destination et les fondemens sont sur le point d'être jetés; grands établissemens militaires qui, une fois achevés, lui donneront le juste espoir d'obtenir également de devenir le siège de la division militaire à laquelle elle appartient et qu'appellent naturellement dans son sein les nombreuses communications que lui donnent, avec les départemens dont se compose cette division, les routes qui y aboutissent dans toutes les directions, préférablement à la ville de Bourges, chef-lieu actuel, où l'état-major de cette même division se trouve confiné, en quelque sorte, à l'extrémité de son territoire.

(1) « Voy. la *Statistique générale de la France*, département de la Haute-Vienne, p. 130 ».

» Déjà avant la Révolution et dans une circonstance bien solennelle, la convocation des deux assemblées de notables qui a précédé celle des derniers états généraux, l'importance de la ville de Limoges et sa prééminence sur une infinité de villes de France ont été reconnues par le Gouvernement. A ces assemblées furent appelés les maires des vingt-cinq principales villes du royaume et Limoges fut de ce nombre. Ces maires étaient ceux de Paris, Lyon, Marseille, Bordeaux, Rouen, Toulouse, Strasbourg, Lille, Nantes, Metz, Nancy, Montpellier, Valenciennes, Rheims, Amiens, Troyes, Limoges, Montauban, Clermont-Ferrand, Bayonne et Châlons en Champagne (1).

» Par là, la ville de Limoges s'est trouvée déjà classée parmi les plus notables du royaume. Toutes ou presque toutes les autres, dont ce tableau présente la nomenclature, ont depuis reçu le titre de *Bonne Ville* que leur conférait implicitement la distinction honorable par elles obtenue en 1787 et 1788. Si Limoges n'a pas été décorée de la même qualification, ce n'est sans doute que parce qu'on aura négligé de faire valoir ses droits à solliciter cette faveur. Mais il est un titre auquel il sera plus précieux encore pour elle de le devoir qu'à celui de son importance : c'est le bon esprit qui a constamment animé la grande majorité de ses habitans, leur attachement au Trône, leur fidélité inébranlable et leur dévouement sans bornes à la personne sacrée de Sa Majesté et à celles de son auguste famille. »

Comme on l'a vu, après avoir insisté sur le rang qu'occupait Limoges avant la révolution et qu'elle tenait encore parmi les villes de France, la municipalité faisait ressortir ce fait qui lui paraissait concluant : à savoir que lors des assemblées de notables, en 1787 et 1788, l'importance de la capitale du Limousin et sa prééminence sur nombre d'autres localités avait été reconnue et proclamée, puisque son chef municipal avait été du nombre des vingt-cinq appelés à ces assemblées. Elle en inférait que Limoges s'était par là trouvé classé parmi les principales villes. Et sa prétention au titre de Bonne Ville se fortifiait encore de cette constatation que,

(1) Voy. les procès-verbaux des deux assemblées de notables de 1787 et 1788, imprimés à Paris dans les mêmes années à l'imprimerie royale, pages 27 du premier et 31 du second. L'article du maire de Limoges, au chapitre des chefs municipaux des villes, y est ainsi conçu : « Monsieur Guillaume-Grégoire de Roulhac, écuyer, conseiller du roi, lieutenant général en la sénéchaussée et siège présidial de Limoges, maire de la même ville. »

depuis lors, toutes ou presque toutes les autres localités représentées avaient reçu le titre honorable que semblait leur conférer implicitement la désignation faite en 1787-88.

Pourquoi un tel argument, qui semblait irréfutable et décisif, fut-il impuissant à déterminer une solution favorable?

Rappelons tout d'abord que Limoges n'était pas du nombre des villes qui avaient obtenu de la royauté la noblesse municipale, c'est-à-dire de celles dont les offices municipaux conféraient à leurs titulaires la noblesse personnelle (1).

Si nous examinons maintenant les termes de l'édit de convocation de la première assemblée des notables, nous y voyons que « S. M. a déclaré que son intention était de convoquer une assemblée composée de personnes de diverses conditions et des plus qualifiées de son État pour leur communiquer les vues qu'elle se propose pour le soulagement de son peuple et la réforme de plusieurs abus ». Et dans la longue liste des personnages appelés à prendre part aux délibérations nous trouvons nommément désignés les chefs municipaux de vingt-quatre villes du royaume, celui de Limoges entre autres (2). Mais cette désignation ne paraît impliquer aucune attribution de rang, aucune classification par ordre d'importance. Il y eut, en effet, parmi les magistrats municipaux appelés, un choix basé sur des considérations de personnes autant que de localités. La preuve en est que le maire de Châlons ayant demandé à être dispensé de siéger à raison de son âge, ce ne fut pas, comme à Nantes, où le maire décéda après la convocation, son adjoint qui fut choisi pour le remplacer, mais bien le maire d'une autre ville, celle de Bayonne (3).

(1) Ces villes étaient :
La Rochelle (8 janvier 1372), Poitiers (8 janvier 1372), Angoulême (1373), Saint-Jean-d'Angély (?), Saint-Maixent (avril 1414), Tours (février 1461), Niort (novembre 1461), Angers (2 février 1474), Péronne (1536), Nantes (1539), Cognac (confirmé en 1667), Abbeville (confirmé en 1667)

(2) Le maire de Limoges était, à ce moment, M. Grégoire de Roulhac (Pour plus de détails sur ce personnage, v. nos *Notices sur les députés de la Haute-Vienne aux assemblées législatives de la Révolution*).

(3) Le « banc des chefs municipaux des villes » aux assemblées des notables comprenait : le prévôt des marchands de Paris, le maire de Marseille, le lieutenant de maire de Bordeaux, le maire de Rouen, le premier capitoul de Toulouse, le préteur royal de Strasbourg, le mayeur de Lille, le procureur du roi, syndic de la ville de Nantes, le maître échevin de Metz, le maire royal de Nancy, le viguier de Montpellier, le prévôt de Valenciennes, les maires de Reims, d'Amiens, de Troyes, de Caen, d'Orléans, de Bourges, de Tours, de Limoges, de Montauban, de Clermont et de Bayonne, le premier échevin et avocat du roi au grenier à sel de Lyon.

Si la situation honorifique dans laquelle le fait considéré plaçait la ville de Limoges ne lui créait pas un droit pour l'avenir, il n'en faut pas moins retenir que des vingt-quatre cités dont il est ici question, trois seulement : Bayonne, Limoges et Valenciennes étaient tenues à l'écart.

L'argument tiré de l'importance de notre ville au point de vue administratif, industriel et commercial, a une plus sérieuse valeur, plusieurs autres localités qui jouissaient du titre sollicité se trouvant, à ce point de vue, dans un état d'infériorité marquée. On va voir quelles considérations furent opposées à la supplique des représentants de Limoges :

« Direction générale de l'administration départementale et de la police.

» Paris, le 28 février 1821.

» Monsieur le Préfet,

» M. le Ministre de l'Intérieur a mis sous les yeux du roi le mémoire du corps municipal de Limoges, que vous lui avez adressé, et il a fait valoir les titres que présente cette ville pour obtenir la faveur d'être classée au rang de bonne ville du royaume.

» Je regrette d'avoir à vous annoncer que, tout en appréciant les sentiments d'attachement à sa personne et de fidélité des habitants de Limoges et en reconnaissant l'importance de cette ancienne cité sous le rapport de la population et des divers établissements qu'elle renferme, le roi n'a pas témoigné l'intention de lui accorder cette faveur. S. M. pense que les considérations sur lesquelles elle appuie sa demande lui sont communes avec d'autres villes et elle croit convenable de n'accorder désormais une pareille récompense qu'en raison de motifs particuliers.

» J'ai l'honneur d'être, Monsieur le préfet, avec une considération distinguée, votre très humble et très obéissant serviteur.

» *Le Directeur général,*

Signé : « MOUNIER » (1).

« A M. le préfet de la Haute-Vienne ».

Pourtant la municipalité limousine ne s'était pas montrée avare de témoignages de loyalisme ; elle n'avait laissé échapper aucune occasion de manifester en l'honneur du roi et de la famille royale. Le 27 juin 1816, le conseil votait une adresse à l'occasion de l'alliance du duc de Berri avec la princesse Caroline de Naples.

(1) Archives départementales de la Haute-Vienne, Z 1738.

Le même jour, il inaugurait à l'hôtel-de-ville le buste du roi et donnait à cette occasion une fête publique. Le 20 février 1820, l'assassinat du duc de Berry était le prétexte d'une adresse pleine d'une sincère émotion. Le 10 octobre suivant, autre adresse à l'occasion de la naissance du duc de Bordeaux. Le 25 novembre, vote d'une souscription pour contribuer à l'acquisition du château de Chambord. Le 21 février 1821, grande fête pour célébrer le baptême du duc de Bordeaux. Le 13 septembre de la même année le nom du jeune prince est donné à une rue à ouvrir au centre de la ville (1).

De son côté, le conseil général du département fait preuve, à chacune de ses sessions, d'un ardent royalisme. Le 16 août 1820, il vote une souscription de 600 fr. pour le monument à élever à la mémoire du duc de Berri. Le 18 août 1821, il vote « à l'unanimité et en première ligne » une subvention de 1.000 fr. pour l'acquisition du domaine de Chambord ; mêmes allocations votées en 1822 et 1823, ce qui porte à 3.000 fr. la souscription du département. Le 9 septembre 1822, cette assemblée vote 1.200 fr. pour achat d'un portrait en pied du roi et, le 15 juin 1823, 1.200 pour achat du portrait de S. A. R. Mme la duchesse d'Angoulême, vote émis « par acclamation comme l'expression du vœu de son cœur. »

A ces multiples démonstrations, le roi répond par l'envoi d'un buste en marbre de Turgot, dû au sculpteur Guichard et qui restera l'unique témoignage de sa munificence. Avec une constance infassable, le conseil municipal n'en persiste pas moins dans son désir, guettant pour l'exprimer une occasion favorable. Dans le courant de 1825, aux approches du sacre de Charles X, il rédige une nouvelle supplique qu'il fera présenter cette fois par le maréchal Jourdan. Voici le texte de ce document et de la réponse qui y fut faite :

« Les maire, adjoints et membres du Conseil municipal
de la ville de Limoges,

» Au Roi

» Sire,

» Vos fidèles sujets, les habitants de la ville de Limoges, après avoir satisfait au premier besoin de leur cœur par l'hommage respectueux de leur amour, de leur dévouement et de leurs vœux pour le bonheur de Votre Majesté, la supplient humblement d'élever au rang des bonnes villes de son royaume la cité qui fut jadis l'apanage de Jeanne d'Albret.

(1) La rue Adrien Dubouché actuelle.

» Si pour obtenir cette faveur de la munificencé royale il fallait invoquer les souvenirs historiques, ils rappelleraient quelle fut l'antique splendeur de cette ville, les sièges glorieux qu'elle soutint pour la cause de ses rois légitimes, les privilèges et les distinctions honorables que lui mérita, sous le règne de Charles V, l'honneur d'avoir, la première de l'Aquitaine, secoué le joug des Anglais, privilèges qui équivalaient alors au rang qu'elle sollicite aujourd'hui et qui furent successivement confirmés sous les règnes de Charles VI, de Charles VII, de Louis XI, de Louis XII, de Henri II et de l'immortel ayeul de Votre Majesté, le grand, le bon Henri, qu'elle eut deux fois l'honneur de recevoir.

» L'état prospère de sa population et de ses revenus accrus de plus d'un cinquième depuis dix ans; l'industrie florissante qui la vivifie et dont les progrès miraculeux ne sont pas moins dus au règne paternel de l'auguste frère de Votre Majesté qu'à la confiance avec laquelle le génie du Limousin sut profiter des premiers bienfaits de la Restauration pour créer une foule de manufactures dont les produits sont devenus l'objet d'un commerce important avec l'étranger; les grands établissements publics et royaux qu'elle possède et dont la conservation lui est non moins assurée par leur utilité, leurs services, que par la puissante protection de Votre Majesté; la constante fidélité, l'amour inaltérable de ses habitants pour leurs princes légitimes et dont LL. AA. RR. Monseigneur le Dauphin et Madame la Dauphine ont daigné recueillir plusieurs fois les témoignages unanimes : tels sont les titres que la ville de Limoges est heureuse de présenter à Votre Majesté et les moyens par lesquels elle peut soutenir avec distinction le rang de bonne ville qu'elle attend, Sire, de votre bienveillance auguste.

» Nous sommes avec un profond respect, Sire, de votre Majesté, les très humbles et très fidèles sujets » (1).

« MINISTÈRE DE L'INTÉRIEUR

« Direction de l'administration générale et départementale
1er bureau

» Paris, le 4 juillet 1823.

» Monsieur le préfet,

» M. le maréchal c^{te} Jourdan m'a transmis le 9 du mois dernier un placet par lequel la ville de Limoges supplie Sa Majesté de l'élever au rang de bonne ville.

(1) Archives municipales de Limoges, D (s. n.).

» Veuillez faire connaître à M. le maire de Limoges que, malgré les titres honorables que cette cité fait valoir, la faveur qu'elle sollicite ne peut lui être accordée; l'intention de Sa Majesté est de ne pas augmenter, quant à présent, le nombre des bonnes villes de son royaume.

» Recevez, Monsieur le préfet, l'assurance de ma considération distinguée.

» Pour le ministre :

» *Le Conseiller d'Etat directeur,*

(Signature illisible) (1)

« A M. le préfet de la Haute-Vienne ».

On le voit, la municipalité de Limoges ne fut pas, cette fois, plus heureuse que précédemment. Ce devait être sa dernière tentative. Désormais ce sont des griefs que formuleront les corps élus. Et par exemple, le 27 juillet 1826, au cours de la séance du conseil général du département, un membre constate que la Haute-Vienne « est en arrière de la civilisation et que le mouvement rapide qui l'a avancée dans d'autres contrées s'y fait à peine sentir hors de l'enceinte des villes » (2). Et on laisse entendre que la faute en est au gouvernement dans les conseils duquel ce département est constamment sacrifié.

Sous la main maladroite des nouveaux maîtres le peuple s'était cabré. Peu à peu s'amassait la tempête qui devait obliger les Bourbons à se réfugier de nouveau à l'étranger. Les destinées de la nation allaient échapper aux éphémères détenteurs du pouvoir. 1830 vit la fin d'un état de choses dont le vice capital était d'être constitué par des organes morts depuis longtemps. A un gouvernement immobilisé dans le passé succéda l'autorité d'un prince libéral et populaire. En même temps que l'orientation de la politique changeait, les mœurs publiques se modifiaient sensiblement. Les distinctions sociales s'effaçaient pour faire place, sinon à une égalité absolue entre les citoyens, du moins à une conception moderne dégagée de tout souvenir, libérée de toute formule antérieure. Un souffle pacifiant de liberté animait les actes du nouveau gouvernement, déterminant le progrès dans les conditions sociales et économiques du pays.

(1) rchives départementales de la Haute-Vienne, Z 1738.
(2) *Analyse des délibérations manuscrites de 1800 à 1839*, par M. Alf. Leroux. — Limoges, 1891.

Au surplus, une génération était survenue, désenchantée, sceptique, aussi méprisante des valeurs d'imagination qu'attachée aux avantages positifs. Or, en matière sociale, les doctrines et les formules ne valent que par leur adaptation à la mentalité populaire qui les vivifie et qui les soutient. Comme une conséquence suit son principe, l'institution aristocratique des Bonnes Villes devait ne pas échapper à l'évolution qui s'accomplissait. Le titre ne fut point retiré aux localités qui l'avaient obtenu, mais il cessa d'être décerné et fut tenu pour virtuellement aboli. Il n'est plus aujourd'hui qu'un souvenir.